U0850867

冶金工业出版社

中等职业教育“十四五”规划教材

AutoCAD机械图形绘制工学一体化实例

主　编　莫屏屏　章晨曦　颜良法
副主编　程青青　应　颖　胡　锴　倪恩伟

北　京
冶金工业出版社
2025

内 容 提 要

全书围绕七个典型学习任务展开，涵盖球头手柄、支承轴、模具推料板、齿轮、转轴支架、泵体等零件二维图及球阀装配图的绘制，通过“图形分析—软件操作—绘图实践—质量检测—成果评价”五个学习活动环节，开展工学一体化学习模式，融入尺寸标注、图层管理、公差配合等工程制图核心知识，并结合打印输出、图纸检测等职业场景需求，培养学生规范绘图能力与工程思维，系统构建从基础操作到综合应用的技能进阶体系。

本书可作为面向技工院校、职业院校机械设计与制造、机电技术应用等专业教材，同时可用于机械制图员、CAD 绘图技术员岗位的职业技能培训。

图书在版编目（CIP）数据

AutoCAD 机械图形绘制工学一体化实例 / 莫屏屏，章晨曦，颜良法主编. -- 北京 :冶金工业出版社，2025. 8. --（中等职业教育“十四五”规划教材）. -- ISBN 978-7-5240-0147-8

Ⅰ. TH126

中国国家版本馆 CIP 数据核字第 2025YP2907 号

AutoCAD 机械图形绘制工学一体化实例

出版发行	冶金工业出版社	**电　　话**	(010)64027926
地　　址	北京市东城区嵩祝院北巷 39 号	**邮　　编**	100009
网　　址	www. mip1953. com	**电子信箱**	service@ mip1953. com

责任编辑　王悦青　美术编辑　吕欣童　版式设计　郑小利

责任校对　郑　娟　责任印制　范天娇

北京富资园科技发展有限公司印刷

2025 年 8 月第 1 版，2025 年 8 月第 1 次印刷

787mm×1092mm　1/16；10 印张；241 千字；149 页

定价 45. 00 元

投稿电话　(010)64027932　投稿信箱　tougao@cnmip. com. cn

营销中心电话　(010)64044283

冶金工业出版社天猫旗舰店　yjgycbs. tmall. com

（本书如有印装质量问题，本社营销中心负责退换）

前　言

随着制造业数字化转型的加速，机械制图作为工程技术人员的核心技能，其教学方式亟须向“工学一体化”转型。传统教材往往将软件操作与工程制图知识割裂，导致学生难以将技能应用于实际工作场景。为响应人力资源和社会保障部关于技工院校工学一体化教学改革的号召，台州第一技师学院机械教研组结合多年教学经验与企业需求，编写了本书，旨在破解“学用脱节”的难题，为机械类专业的人才培养提供全新的解决方案。

在技工教育深化产教融合、校企合作的大背景下，编者作为一线机械教师，深切感受到学生普遍存在“会软件操作但不懂规范制图”“能绘图但缺乏工程思维”的问题。为此，本书以《国家职业技能标准》为纲领，以企业真实生产任务为蓝本，将 AutoCAD 软件教学与机械制图知识深度融合，力图打造一本“即学即用、对接岗位”的实战型教材。通过七大典型任务（涵盖轴类、板类、齿轮、箱体及装配图），引导学生从“绘图员”向“技术员”角色进阶，助力实现“课堂与车间无缝对接”。

本书由台州第一技师学院机械教研组集体策划，由莫屏屏、章晨曦、颜良法担任主编。编写具体分工：莫屏屏编写任务一和任务二，章晨曦编写任务三和任务四，颜良法编写任务五和任务六，程青青、应颖、胡锴、倪恩伟编写任务七。本书在编写过程中，得到了台州第一技师学院的大力支持，在此表示感谢。

由于编者水平和经验有限，编写时间仓促，书中疏漏和不足之处，敬请读者批评和指正。

编　者

2025 年 3 月

目　录

学习任务一　球头手柄二维图的绘制

· 学习目标

1. 识读标题栏，了解球头手柄的材料、比例。
2. 分析球头手柄零件的结构及技术要求。
3. 根据球头手柄零件的结构，确定图幅及布局。
4. 根据球头手柄零件图形，设置图层、文字样式、标注样式等。
5. 应用“直线”“圆”“镜像”“偏移”等命令绘制球头手柄二维图形。
6. 正确完成球头手柄二维图形的尺寸标注和技术要求的文字书写。
7. 正确完成图纸打印的设置，并打印出球头手柄二维图纸。
8. 检查图纸质量，并对发现的问题进行修改。
9. 对自己所完成的工作成果进行展示，并进行分析说明。
10. 按“7S”管理要求对学习工作站进行正确的使用、维护和保养。
11. 服从安排，具备从业人员的责任感、团队沟通合作等职业素养。

· 建议学时

18 学时

· 工作情境描述

企业设计部接到一项任务：根据提供的球头手柄零件纸质图样（见图 1-1），用 AutoCAD 软件抄画图形。技术主管将抄画任务分配给绘图员，让他根据机械制图标准，应用 AutoCAD 软件抄画出球头手柄二维图形，保存电子图形并打印出来。

· 工作流程与活动

1. 球头手柄二维图形的分析（2 学时）。
2. AutoCAD 软件的基本操作（10 学时）。
3. 球头手柄二维图的绘制与打印（2 学时）。
4. 图纸质量检查及问题分析（2 学时）。
5. 成果展示与评价考核（2 学时）。

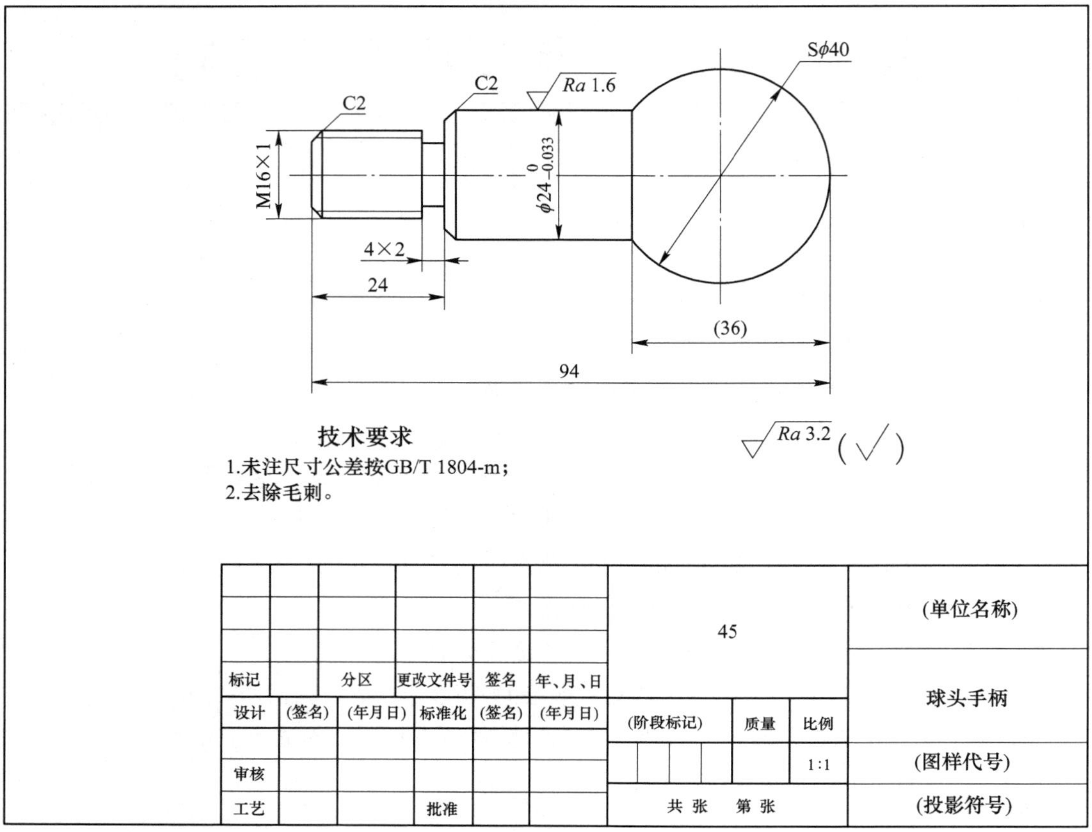

图 1-1 球头手柄图形

学习活动一 球头手柄二维图形的分析

学习目标

1. 识读标题栏，了解球头手柄的材料、比例。

2. 识读球头手柄零件图，确定球头手柄的结构形状、尺寸、几何公差和表面质量要求。

3. 根据球头手柄的结构，确定图幅及布局。

4. 根据球头手柄图形，确定绘图所用图层、文字样式和标注样式。

5. 根据球头手柄的结构，确定绘图步骤。

6. 与技术主管沟通，确定绘制球头手柄图形所用到的 AutoCAD 命令。

建议学时

2 学时

学习过程

一、接受任务

按照技术主管描述本次绘图任务，正确填写任务记录单（见表 1-1）。

表 1-1　任务记录单

部门名称			出图数量	
任务名称			预交付时间	年　月　日
下单人		年　月　日	接单人		年　月　日
制图		年　月　日	审核		年　月　日
批准		年　月　日	交付人		年　月　日

二、识读球头手柄图形

1. 球头手柄是由什么材料制造的，采用的比例是多少？
2. 分析球头手柄图形中的定形尺寸和定位尺寸。
3. 球头手柄有几处螺纹结构，其尺寸是多少？
4. 球头手柄图形中有几处倒角，其值是多少？
5. 试分析球头手柄的结构并写出相应的尺寸。
6. 球头手柄中哪些部位有尺寸公差，请写出具体的尺寸公差。
7. 球头手柄哪些部位有表面结构要求，请写出具体数值。
8. 球头手柄的技术要求有哪些，请写出。
9. 球头手柄图形有哪些线型？各线型的应用情况是怎样的？

三、确定绘图方案

1. 查阅《机械制图》教材，写出五种基本图纸幅面尺寸大小。根据球头手柄尺寸，选择合适的图幅。
2. 确定标题栏的格式及填写内容。
3. 根据球头手柄图形，需要设置哪些图层？
4. 球头手柄图形哪些尺寸可用尺寸标注工具直接注出？
5. 球头手柄图形哪些地方需要用到标注文字？
6. 球头手柄的绘图难点是螺纹的画法，如何确定螺纹小径的值？简述螺纹的绘制方法。
7. 简述球头手柄零件图的绘图步骤。
8. 与技术主管沟通，了解绘制球头手柄图形所用到的 AutoCAD 命令有哪些？

学习活动二　AutoCAD 软件的基本操作

学习目标

1. 熟练完成 AutoCAD 软件的启动和关闭。

2. 熟悉 AutoCAD 软件的界面，熟悉菜单栏、工具栏、功能区、状态栏等。
3. 设置光标大小、正交等绘图环境。
4. 根据球头手柄图形，设置图层、文字样式和标注样式等。
5. 应用“直线”“圆”等命令绘制直线和圆。
6. 应用“删除”“修剪”“镜像”“偏移”“倒角”等命令对对象进行修改。
7. 应用“多行文字”进行文字的书写及编辑。
8. 绘制表格并填写内容。
9. 标注线性尺寸、直径尺寸和半径尺寸。
10. 标注尺寸公差。
11. 绘制表面粗糙度符号。
12. 按“7S”管理要求对学习工作站进行正确的使用、维护和保养。

建议学时

10 学时

学习过程

一、AutoCAD 软件的启动与关闭

1. 启动 AutoCAD 软件的方法有哪几种？
2. 关闭 AutoCAD 软件的方法有哪几种？

二、AutoCAD 软件界面及基本操作

1. AutoCAD 软件的用户界面由哪些元素组成？
2. AutoCAD 软件的状态栏都有哪些功能？
3. 如何修改 AutoCAD 软件绘图窗口的颜色？
4. 如何修改鼠标光标样式？
5. AutoCAD 软件都有哪些主菜单？打开主菜单栏，查看主菜单栏中具有哪些功能。
6. 在 AutoCAD 软件绘图时，鼠标的左、中、右键都有什么作用？
7. 选择对象的常用方法有哪些？
8. 在命令执行过程中，按哪个键可以终止命令的执行？
9. 在绘图过程中，我们会经常重复使用某个命令，按哪个键可以重复刚使用过的命令？
10. 用 AutoCAD 绘图时，难免会出现各种各样的错误。如何取消执行错误的操作，让图形回到前面正确的状态？
11. 如何让“绘图”“修改”“标注”工具栏在绘图区域两侧显示或取消？
12. 如何让全部图形全部显示出来，充满整个绘图窗口？
13. 如何设定绘图区域大小？
14. 如何新建和保存图形文件？
15. 如何打开和关闭图形文件？

16. 快速查阅表 1-2 中各按钮的名称。

表 1-2　按钮名称表

绘图工具	名称	修改工具	名称	标注工具	名称

三、绘图环境设置

1. 新建图层，并修改图层名称、颜色、线型、线宽，按表 1-3 设置图层。

表 1-3 图层设置参数要求

图层名称	颜色	线型	线宽
粗实线层	白色（7）	Continuous	0. 5 mm
细实线层	蓝色（5）	Continuous	0. 25 mm
中心线层	红色（1）	CENTER	0. 25 mm
尺寸线层	绿色（3）	Continuous	0. 25 mm
虚线层	洋红（6）	DASHED	0. 25 mm
剖面线层	青色（4）	Continuous	0. 25 mm
文字层	绿色（3）	Continuous	0. 25 mm

2. 文字样式设置。文字样式为文字设置各项参数，控制文字的字体、字高、方向和角度等。点击菜单栏【格式】/【文字样式】，打开文字样式对话框，新建样式名为“国标文字”，SHX 字体设为长仿宋体（或者 gbeitc. shx 和 gbenor. shx），大字体设为 gbcbig. shx，字高为 0，宽度比例为 1，倾斜角度为 0。点击“应用”，如图 1-2 所示。

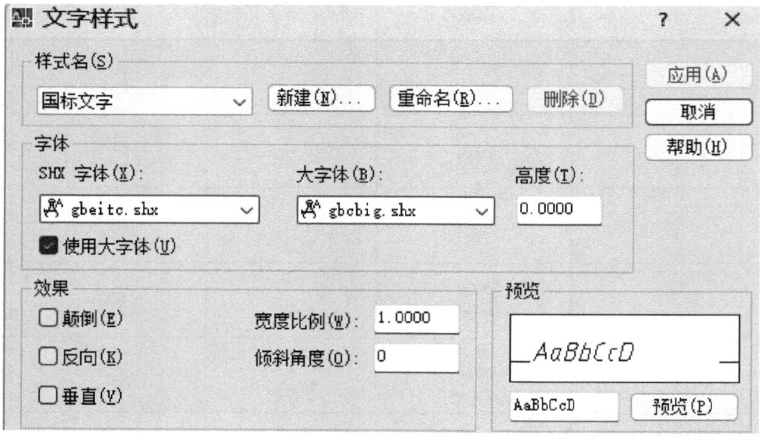

图 1-2 文字样式设置

3. 标注样式设置。标注样式为尺寸标注设置各项参数，控制尺寸标注的箭头样式、文字位置、尺寸公差和对齐方式等。

点击菜单栏【格式】/【标注样式】，打开标注样式对话框，新建“国标标注”样式名，点击“继续”，修改以下参数：

（1）点击【直线】选项，修改【基线间距】为 7，【超出尺寸线】为 2，【起点偏移量】为 0，如图 1-3 所示。

（2）点击【文字】选项，【文字样式】选择“国标文字”，【文字高度】改为 3. 5，

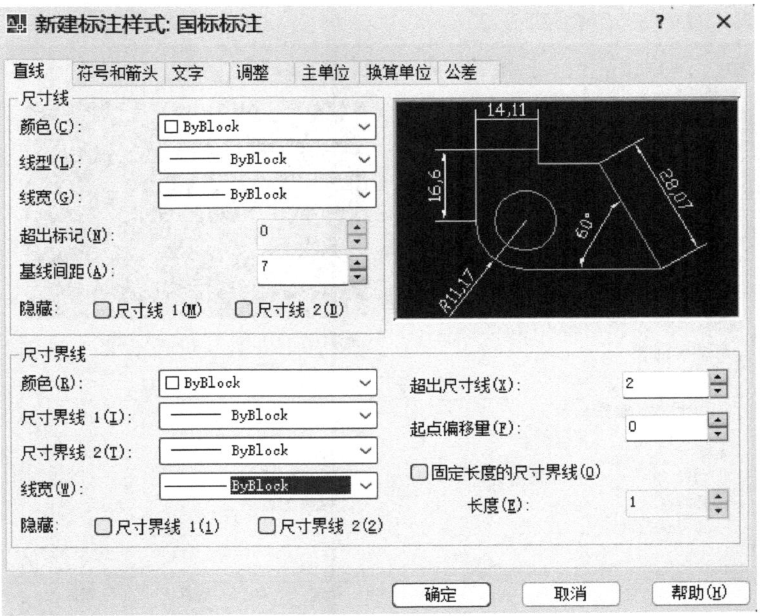

图 1-3　标注样式-直线设置

【从尺寸线偏移】改为 0.8，【文字对齐】选择“与尺寸线对齐”，如图 1-4 所示。

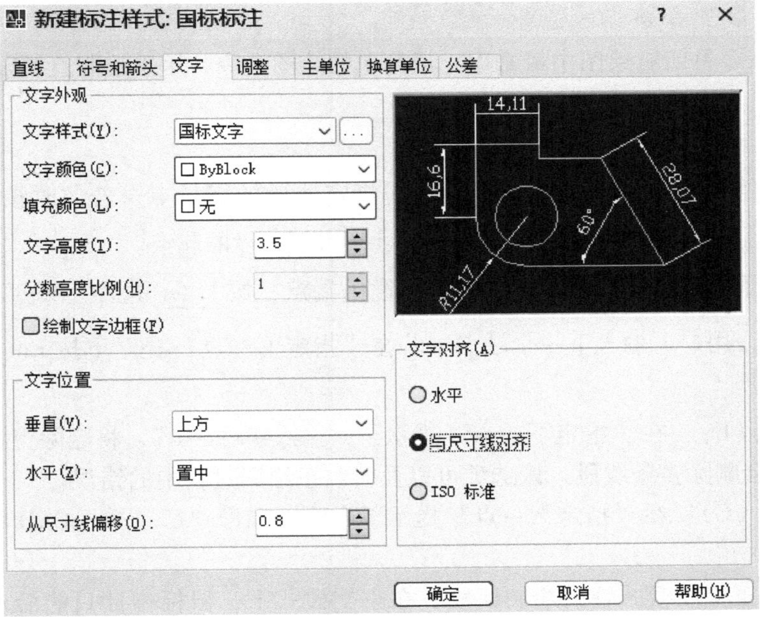

图 1-4　标注样式-文字设置

(3) 点击【主单位】选项，修改【小数分隔符】为“句点”，如图 1-5 所示。点击【确定】—【置为当前】—【关闭】。

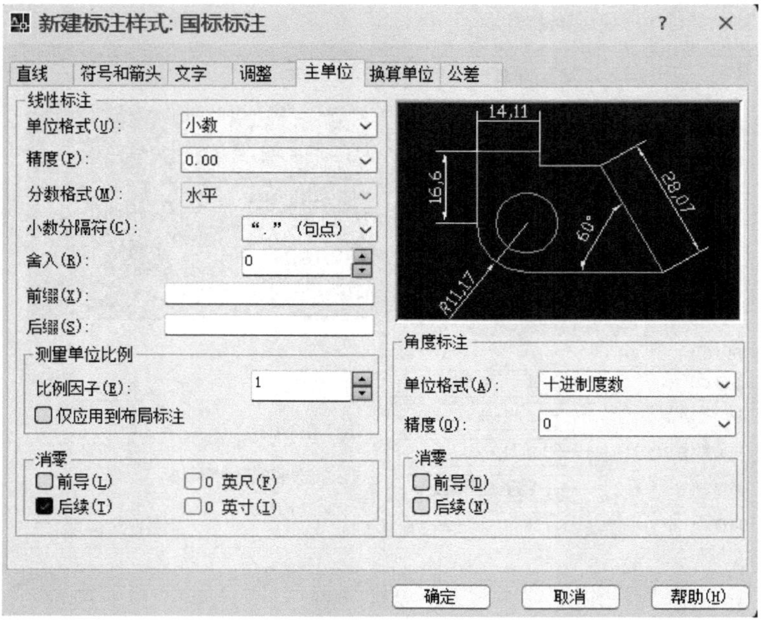

图 1-5 标注样式-主单位设置

四、基本图形的绘制

（一）“直线”命令

“直线”命令是所有绘图中最常用、最简单的绘图命令，用于绘制直线段。

1.“直线”命令的启动方式有哪些？

2.“直线”命令选项如下：

（1）指定第一点：在此提示下，用户需指定线段的起始点，若此时按Enter键，则AutoCAD将以上一次所绘制线段或圆弧的终点作为新线段的起点。

（2）指定下一点：在此提示下，输入线段的端点，按Enter键后，AutoCAD继续提示“指定下一点”，用户可输入下一个端点。若在“指定下一点”提示下按Enter键，则命令结束。

（3）放弃（U）：在“指定下一点”提示下，输入字母“U”，将删除上一条线段，多次输入U，则会删除多条线段。该选项可以及时纠正绘图过程中的错误。

（4）闭合（C）：在“指定下一点”提示下，输入字母“C”，AutoCAD将使连续折线自动封闭。

3. 利用“正交”模式辅助绘制线段。在正交模式下，鼠标指针只能沿水平或竖直方向移动。画线时若同时打开该模式，则只需输入线段的长度值，AutoCAD就自动绘制出水平或竖直线段。

应用“直线”命令和“正交”模式，绘制如图1-6所示图形，完成后将图形命名为“图1-6”，并保存到计算机桌面以“班级+姓名”命名的文件夹中。

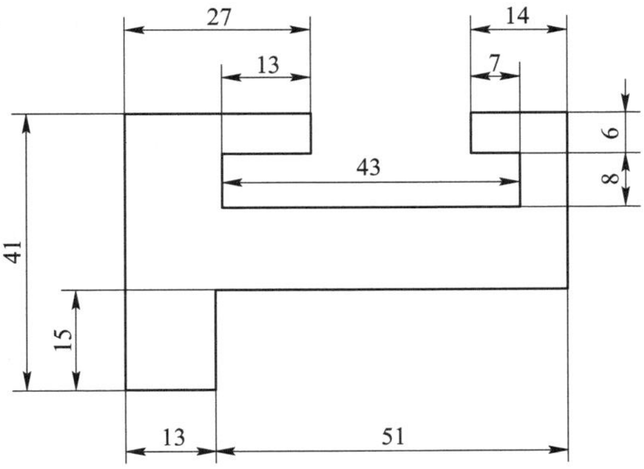

图 1-6　“直线”命令

4. 输入点的坐标绘制线段。常用的点坐标形式如下：

（1）绝对直角坐标或相对直角坐标。绝对直角坐标的输入格式为“X，Y”，相对直角坐标的输入格式为“@ X，Y”。X 表示点的 *X* 坐标值，Y 表示点的 *Y* 坐标值，两坐标值之间用“，”号分隔开。例如：（−60，30）、（40，70）分别表示图 1-7 中的 *A*、*B* 点。

（2）绝对极坐标或相对极坐标。绝对极坐标的输入格式为“R<α”，相对极坐标的输入格式为“@ R<α”。*R* 表示点到原点的距离，α 表示极轴方向与 *X* 轴正向间的夹角。若从 *X* 轴正向逆时针旋转到极轴方向，则 α 角为正；否则，α 角为负。例如，（70<120）、（50<−30）分别表示图 1-7 中的 *C*、*D* 点。

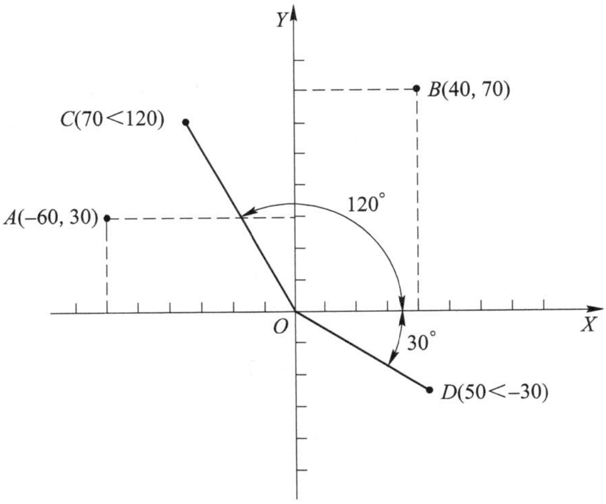

图 1-7　点的坐标

画线时若只输入“<α”，而不输入“R”，则表示沿 α 角度方向绘制任意长度的直线，这种画线方式称为角度覆盖方式。

应用“直线”命令和点的坐标绘制如图 1-8 所示图形，完成后将图形分别命名为“图 1-8（a）”“图 1-8（b）”……，并保存到计算机桌面以“班级＋姓名”命名的文件夹中。

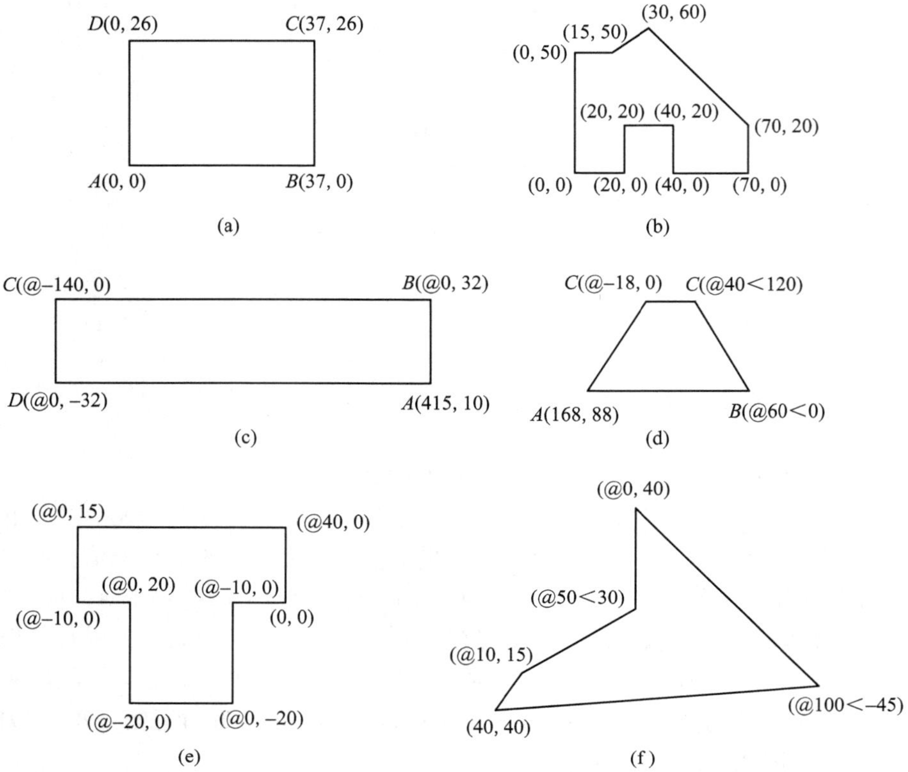

图 1-8 输入点的坐标绘制图形

5.“直线”命令综合应用。应用“直线”命令绘制如图 1-9 所示图形，完成后将图形命名为“图 1-9”，并保存到计算机桌面以“班级+姓名”命名的文件夹中。

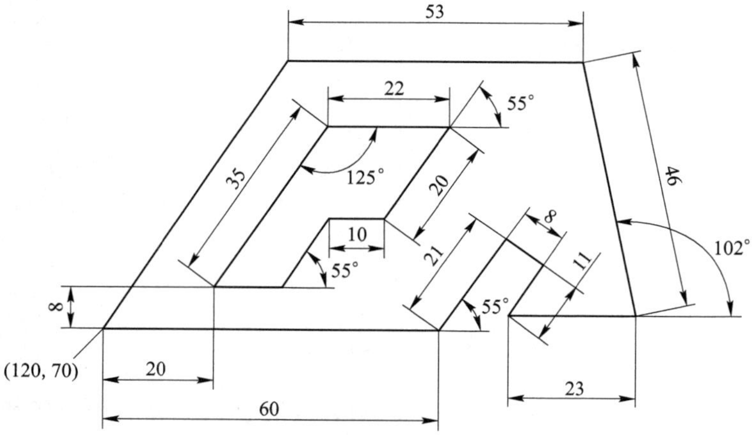

图 1-9 “直线”命令综合应用

（二）“圆”命令

“圆”命令是常用、简单的绘图命令，用于绘制圆及圆弧连接。

1.“圆”命令的启动方式有哪些？

2.“圆”命令选项如下：

（1）三点（3P）：输入 3 个点绘制圆。

（2）两点（2P）：指定直径的两个端点绘制圆。

（3）相切、相切、半径（T）：选取与圆相切的两个对象，然后输入圆半径。

3. 应用“圆”命令绘制如图 1-10 所示图形，完成后将图形分别命名为“图 1-10（a）”“图 1-10（b）”……，并保存到计算机桌面以“班级+姓名”命名的文件夹中。

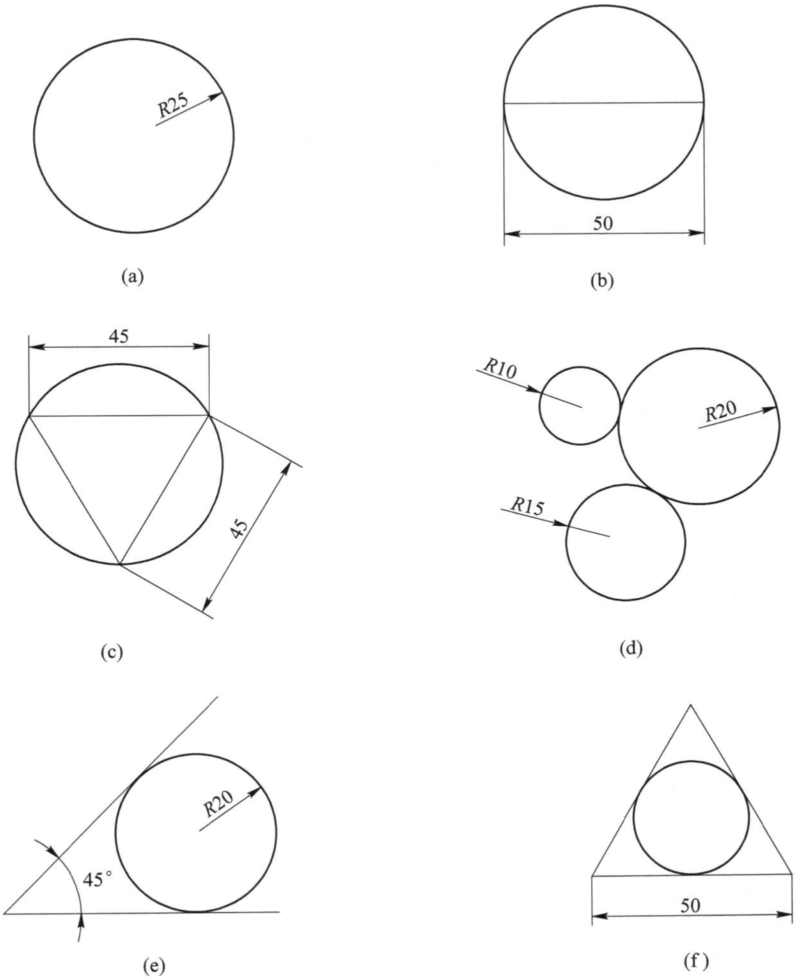

图 1-10 “圆”命令

（a）圆心，半径（直径）；（b）两点（2P）；（c）三点（3P）；
（d）相切，相切，半径；（e）相切，相切，半径；（f）相切，相切，相切

4.“圆”命令综合应用。应用“圆”命令绘制如图 1-11 所示图形，完成后将图形分别命名为“图 1-11（a）”“图 1-11（b）”“图 1-11（c）”，并保存到计算机桌面以“班级+姓名”命名的文件夹中。

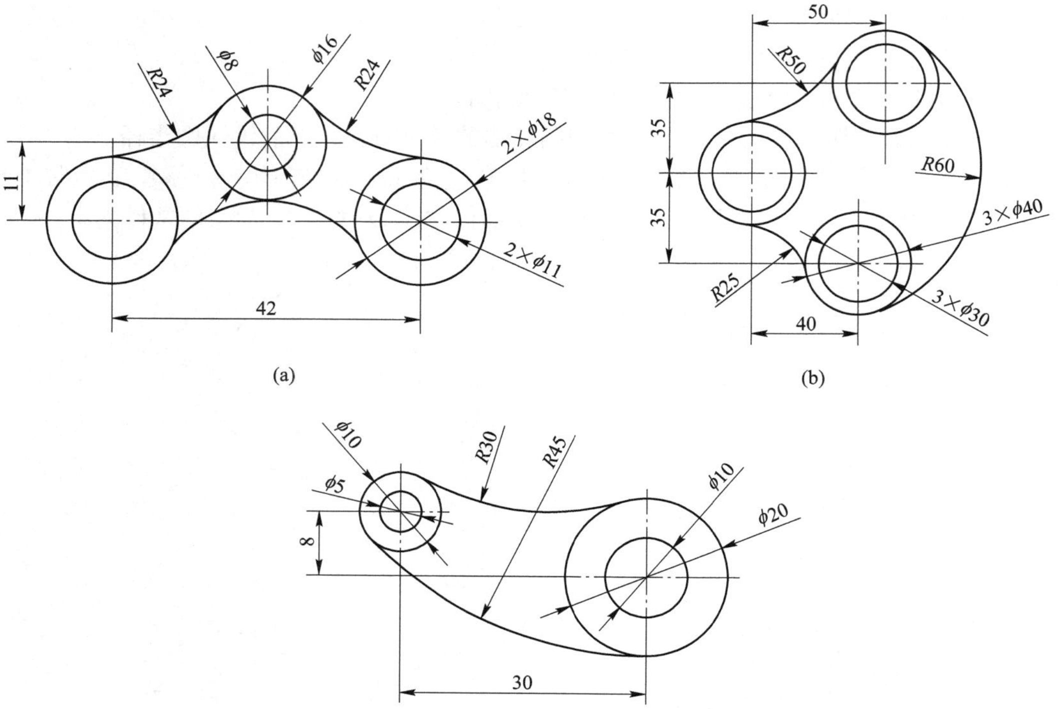

(c)

图 1-11 “圆”命令综合应用

五、图形编辑

（一）“删除”命令

“删除”命令可以删除多余对象。

1.“删除”命令的启动方式有哪些？

2. 应用“删除”命令，将图 1-12、图 1-13 的（a）图编辑成（b）图。

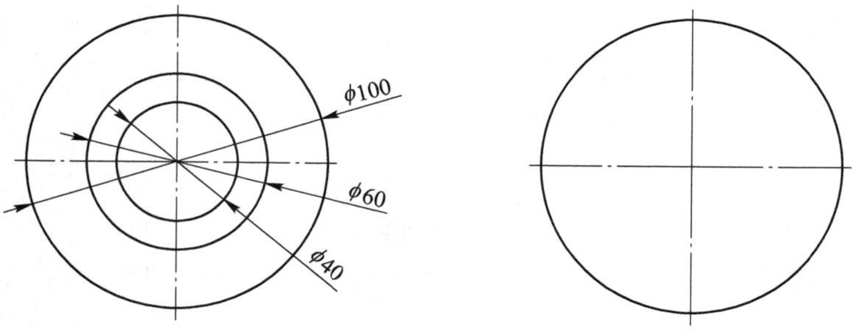

(a) (b)

图 1-12 “删除”命令 1

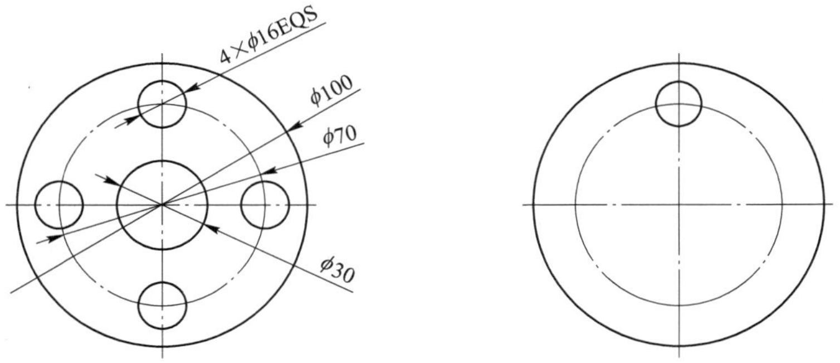

(a)　　　　　　　　　　(b)

图 1-13　“删除”命令 2

（二）“修剪”命令

“修剪”命令可以将超出指定边界的线条修剪掉，被修剪的对象可以是直线、圆、弧、多段线、样条曲线、射线和构造线等。

1.“修剪”命令的启动方式有哪些？

2.“修剪”命令选项如下：

（1）按住 Shift 键选择要延伸的对象：将选定的对象延伸至剪切边。

（2）栏选（F）：用户绘制连续折线，与折线相交的对象被修剪。

（3）窗交（C）：利用交叉窗口选择对象。

（4）投影（P）：该选项可以使用户指定执行修剪的空间。例如，三维空间中的两条线段呈交叉关系，用户可利用该选项假想将其投影到某一平面上执行修剪操作。

（5）边（E）：如果剪切边太短，没有与被修剪对象相交，就利用此选项假想将剪切边延长，然后执行修剪操作。

（6）删除（R）：不退出“修剪”命令就能删除选定的对象。

（7）放弃（U）：若修剪有误，可输入字母“U”，撤销修剪。

3. 应用“修剪”命令，将图 1-14、图 1-15 的（a）图编辑成（b）图。

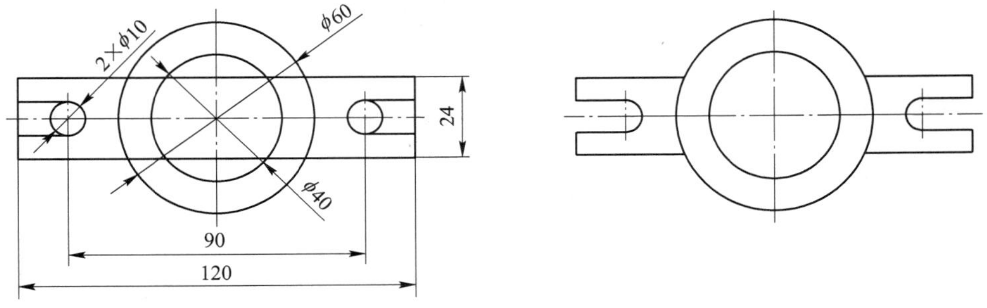

(a)　　　　　　　　　　(b)

图 1-14　“修剪”命令 1

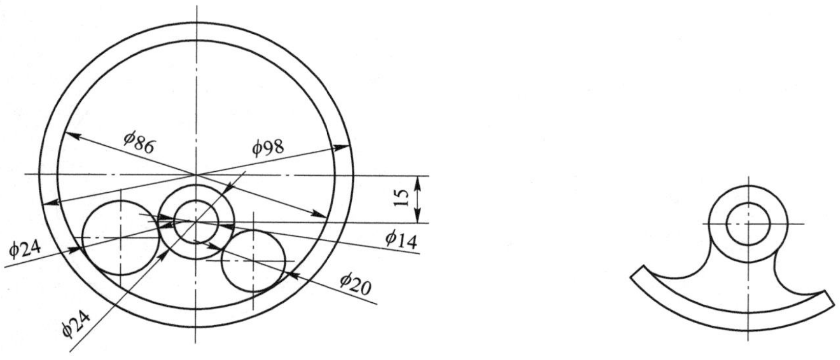

(a) (b)

图 1-15 “修剪”命令 2

（三）“偏移”命令

“偏移”命令可以通过输入偏移距离和拾取通过点两种方式创建一个与原对象类似的新对象。

1.“偏移”命令的启动方式有哪些?

2.“偏移”命令选项如下：

（1）通过（T)；通过指定点创建新的偏移对象。

（2）删除（E)：偏移源对象后将其删除。

（3）图层（L)：指定将偏移后的新对象放置在当前图层或源对象所在的图层上。

3. 应用“偏移”命令，将图 1-16、图 1-17 的（a）图编辑成（b）图。

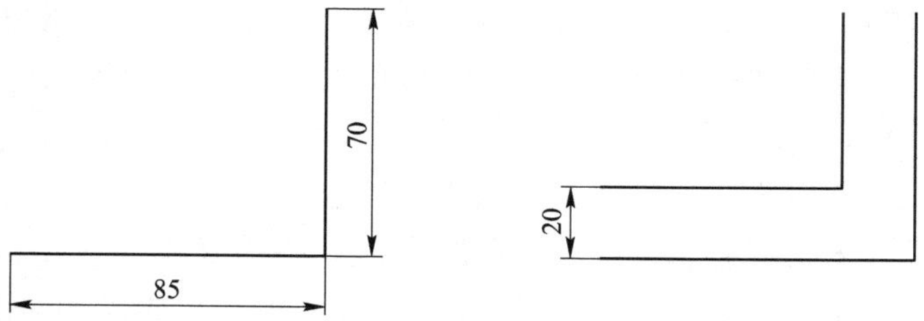

(a) (b)

图 1-16 “偏移”命令 1

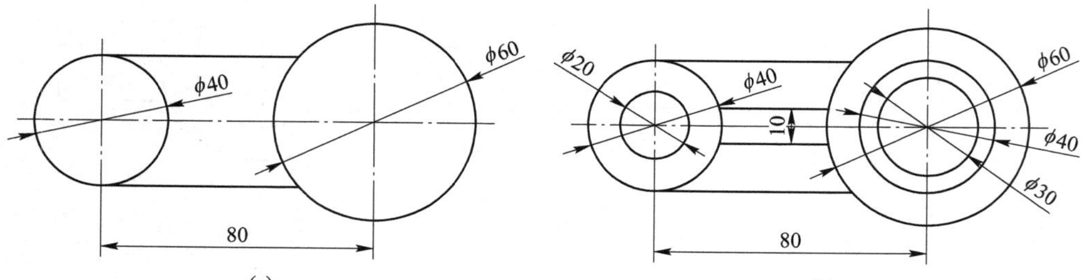

(a) (b)

图 1-17 “偏移”命令 2

（四）“镜像”命令

“镜像”命令可以复制完全对称或者部分具有对称性的图形。使用镜像命令时，需指定其镜像的对称轴线，完成镜像操作后，还可根据需要确定是否删除源对象。

1.“镜像”命令的启动方式有哪些?

2. 应用“镜像”命令，将图 1-18、图 1-19 的（a）图编辑成（b）图。

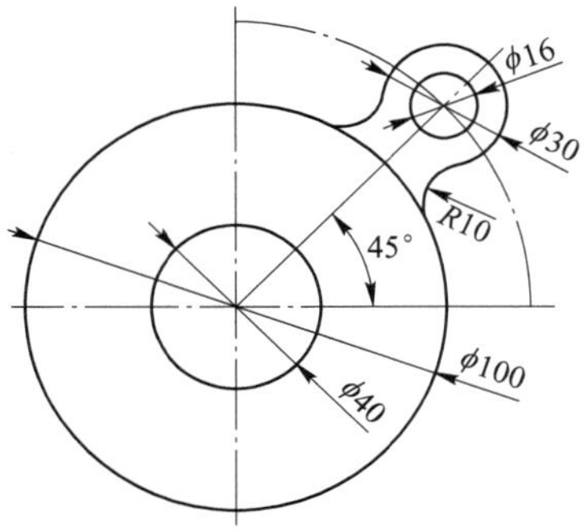

(a)

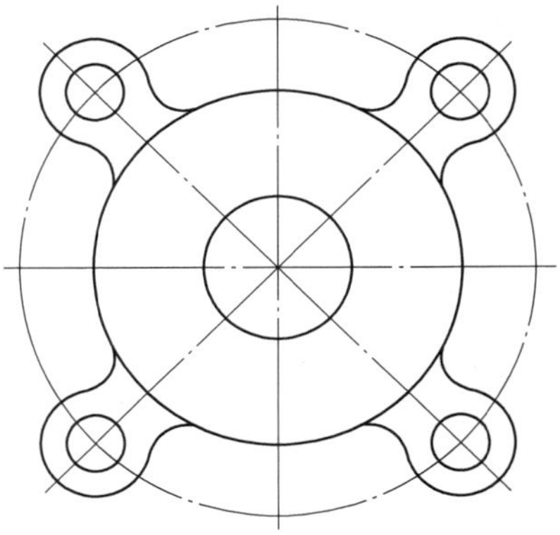

(b)

图 1-18 “镜像”命令 1

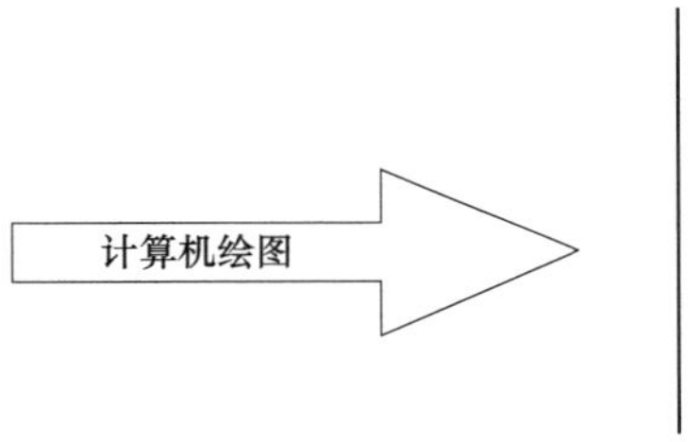

(a)

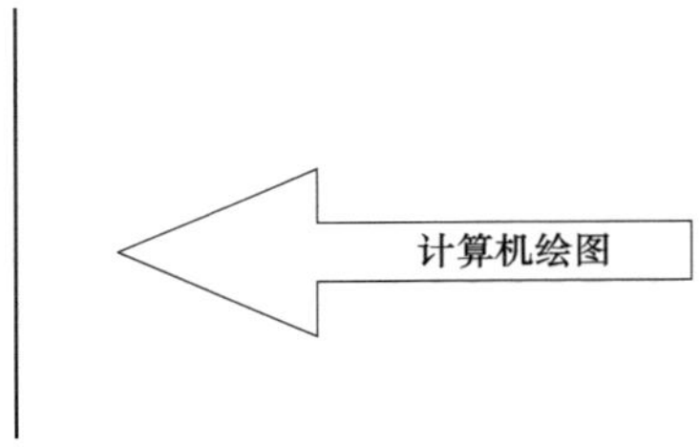

(b)

图 1-19 “镜像”命令 2

（五）“倒角”命令

“倒角”命令可以将两条非平行的直线以有斜度的直线相连。

1.“倒角”命令的启动方式有哪些?

2.“直线”命令选项如下：

（1）多段线（P）：对多段线的每个顶点执行倒角操作。

（2）距离（D）：设定倒角距离。若倒角距离为 0，则被倒角的两个对象交于一点。

（3）角度（A）：指定倒角距离及倒角角度。

（4）修剪（T）：设置倒角时是否修剪对象。

（5）多个（M）：可一次创建多个倒角。

3. 应用“倒角”命令，将图 1-20、图 1-21 的（a）图编辑成（b）图。

（六）“多行文字”命令

“多行文字”命令可以创建复杂的文字说明。用多行文字命令标注的文本，不管有多

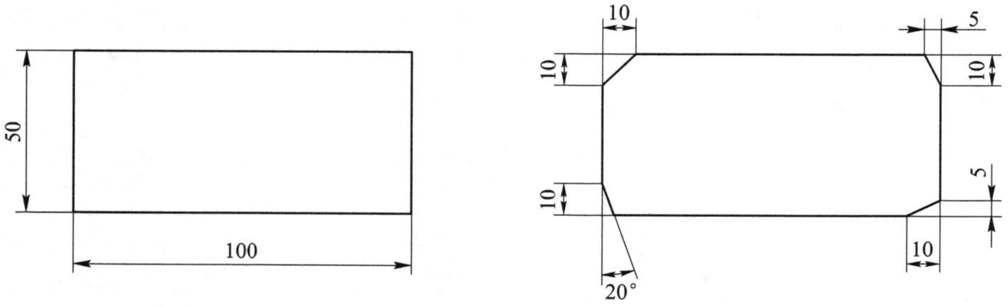

(a) (b)

图 1-20 “倒角”命令 1

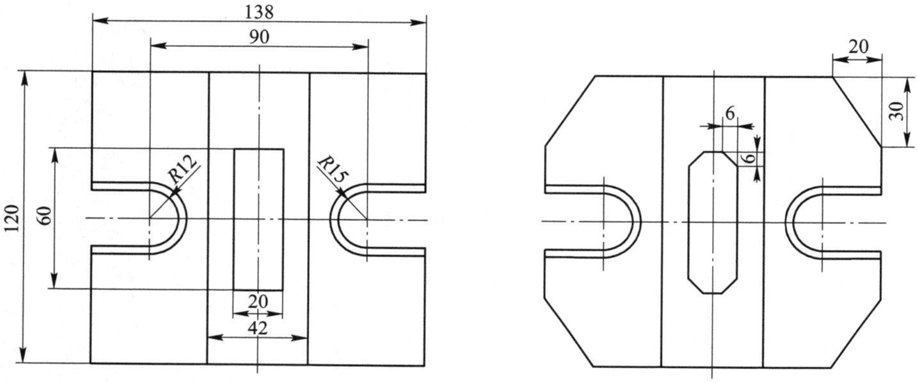

(a) (b)

图 1-21 “倒角”命令 2

少个段落，都是一个整体，可对其进行整体编辑。

1.“多行文字”命令的启动方式有哪些？

2. 应用“多行文字”命令，编辑图 1-22 所示文字，字体为“仿宋”，“技术要求”字体高度为 5 mm，其余字体高度为 3. 5 mm。

技术要求

1. 铸件不得有砂眼、气孔等缺陷。

2. 正火后硬度为170～210HBW。

3. 未注圆角$R3$～$R5$。

4. 线性尺寸未注公差按GB1804-m。

图 1-22 “多行文字”命令

3. 应用“多行文字”命令，编辑图 1-23 所示文字，第一行符号字体为“仿宋”，第二、三行字体为“gbeitc”。

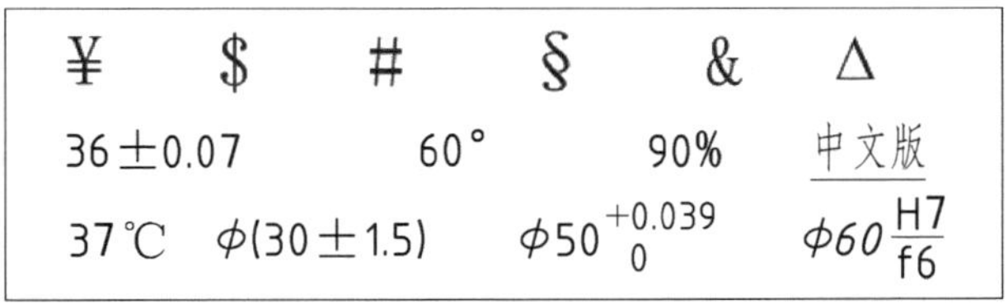

图 1-23 特殊字符

4. 应用“直线”“偏移”“多行文字”等命令，绘制并编辑表 1-4。

表 1-4 多行文字练习示例

4	09-04-04	盘座	1	45	
3	09-04-03	衬套	1	Q235	
2	09-04-02	夹套	1	Q235	
1	09-04-01	手动压套	1	Q235	
序号	**代号**	**名称**	**数量**	**材料**	**备注**
20	40	50	20	30	20

180

六、尺寸标注

1.“线性”标注命令可以标注水平、竖直方向上的尺寸，使用该命令标注对象时，标注的尺寸线始终呈水平或垂直状态。绘制图 1-24 并标注尺寸。

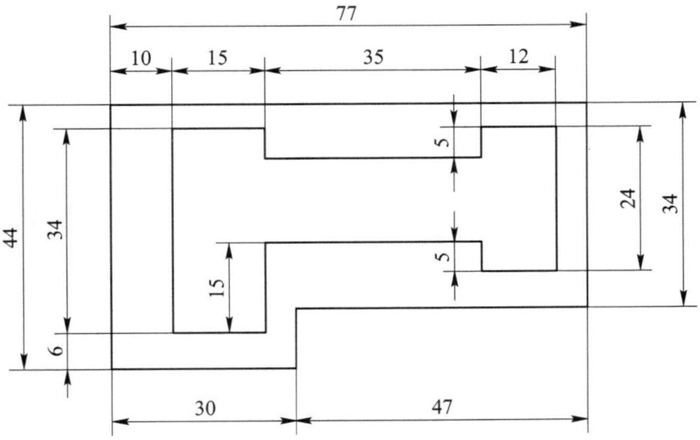

图 1-24 线性尺寸

2. 标注尺寸数字的前缀和后缀，标注如图 1-25 所示。

3.“直径”标注与“半径”标注。试绘制图 1-26 所示图形，并标注尺寸。

4. 表面粗糙度符号。查阅《机械制图》教材，确定表面粗糙度符号尺寸，并应用“直线”“偏移”和“多行文字”等命令，绘制图 1-27 所示表面粗糙度，字高 3. 5 mm，圆直径 4 mm。

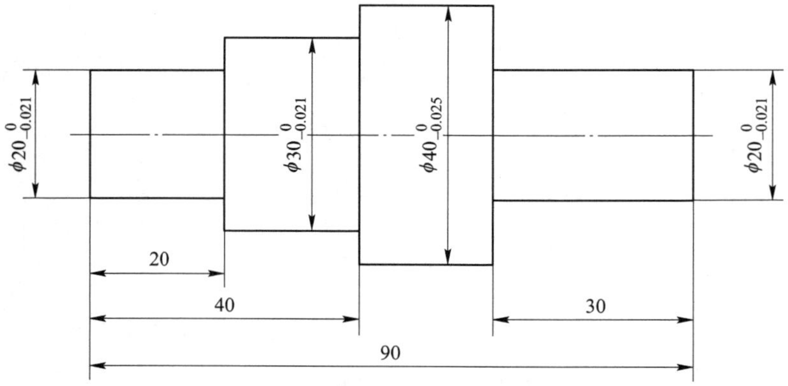

图 1-25 尺寸前缀和后缀

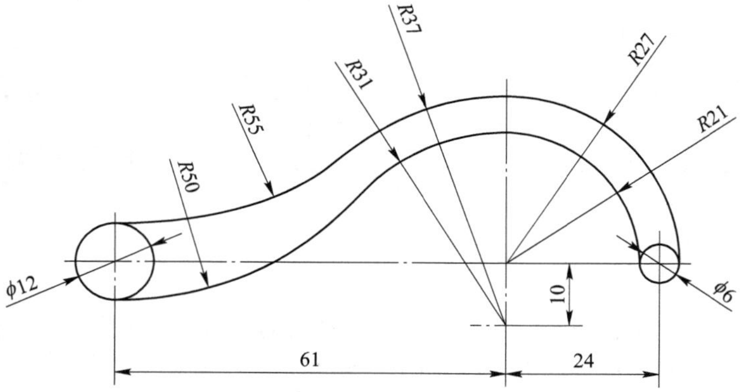

图 1-26 直径与半径标注

图 1-27 表面粗糙度

学习活动三 球头手柄二维图的绘制与打印

学习目标

1. 绘制球头手柄图形的图框和标题栏。
2. 根据球头手柄图形所用线型新建图层。
3. 正确应用“圆”命令绘制球头手柄右端的圆形轮廓。
4. 正确应用“直线”命令绘制点画线上方的直线轮廓。
5. 正确应用“倒角”命令绘制两处 *C*2 倒角。
6. 正确应用“偏移”命令绘制螺纹小径。
7. 正确应用“镜像”命令绘制球头手柄左端轮廓。
8. 正确应用“修剪”命令修剪掉多余的线条。
9. 正确完成公差和表面粗糙度符号的标注。

10. 正确应用“多行文字”命令书写球头手柄图形中的技术要求。
11. 正确完成图纸打印的设置，并能打印球头手柄二维图纸。

建议学时

2 学时

学习过程

一、绘图准备

工具：AutoCAD 绘图软件。
材料：球头手柄图形。
设备：计算机、打印机。
资料：工作页。

二、绘图过程

1. 新建图层。启动 AutoCAD 绘图软件，根据球头手柄图形，新建五个图层，见表 1-5。

表 1-5　图层设置

图层名称	颜色	线型	线宽
粗实线层	白色（7）	Continuous	0. 5 mm
细实线层	蓝色（5）	Continuous	0. 25 mm
中心线层	红色（1）	CENTER	0. 25 mm
尺寸线层	绿色（3）	Continuous	0. 25 mm
文字层	绿色（3）	Continuous	0. 25 mm

2. 确定绘图比例。根据球头手柄图形的轮廓尺寸，采用 1∶1 的绘图比例。
3. 绘制图框和标题栏。绘制 A4 图框和标题栏，如图 1-28 所示。

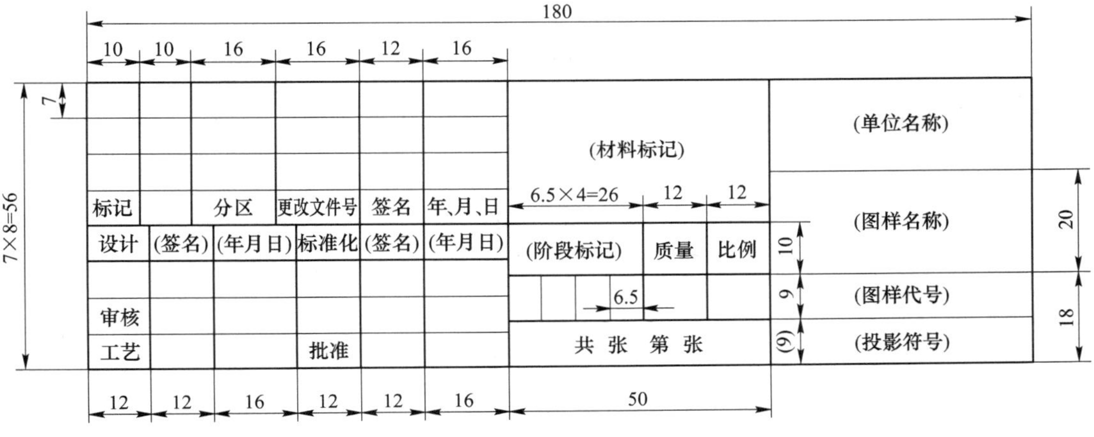

图 1-28　标题栏

4. 应用“直线”命令，绘制中心线，如图 1-29 所示。

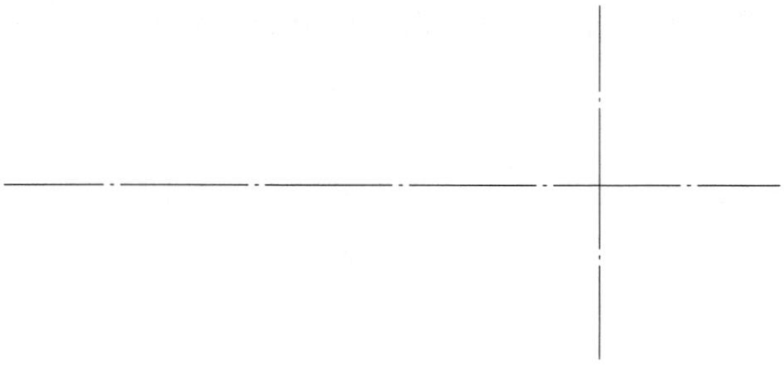

图 1-29 绘制中心线

5. 应用“圆”命令，绘制球部轮廓，如图 1-30 所示。

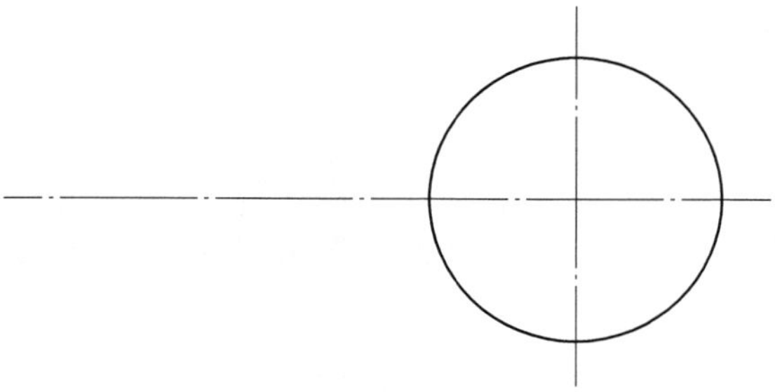

图 1-30 绘制球部轮廓

6. 应用“偏移”命令，绘制圆柱段分界，如图 1-31 所示。

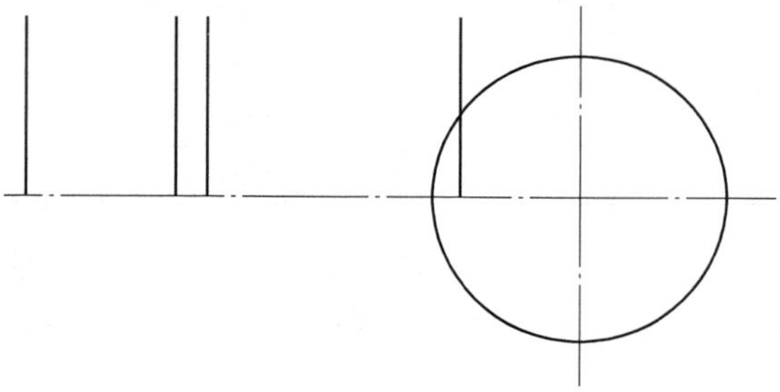

图 1-31 偏移圆柱分界

7. 应用“直线”命令，绘制中心线以上圆柱，如图 1-32 所示。

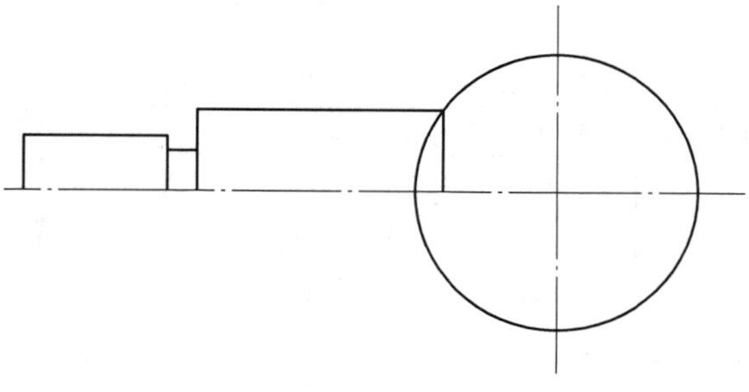

图 1-32 绘制圆柱上半部

8. 应用“偏移”命令，绘制螺纹小径，如图 1-33 所示。

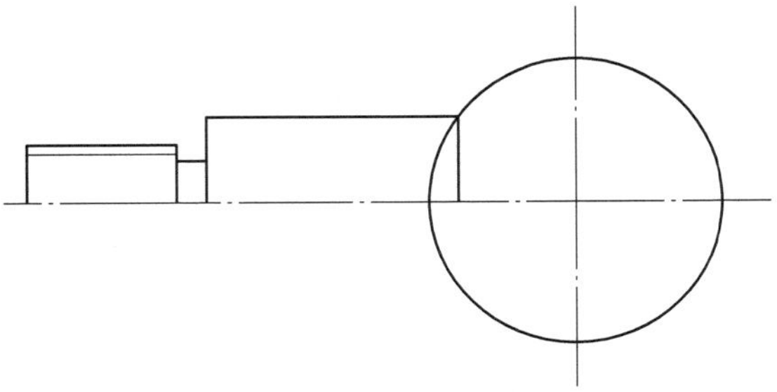

图 1-33　绘制螺纹小径

9. 应用“倒角”命令，绘制 *C*2 倒角，如图 1-34 所示。

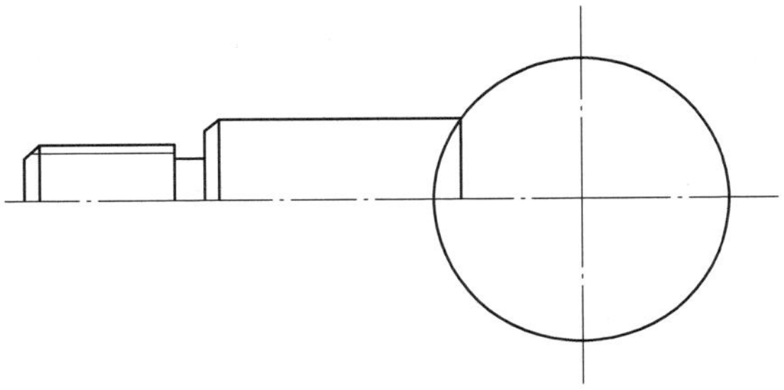

图 1-34　绘制倒角

10. 应用“镜像”命令，并修剪多余线条，如图 1-35 所示。

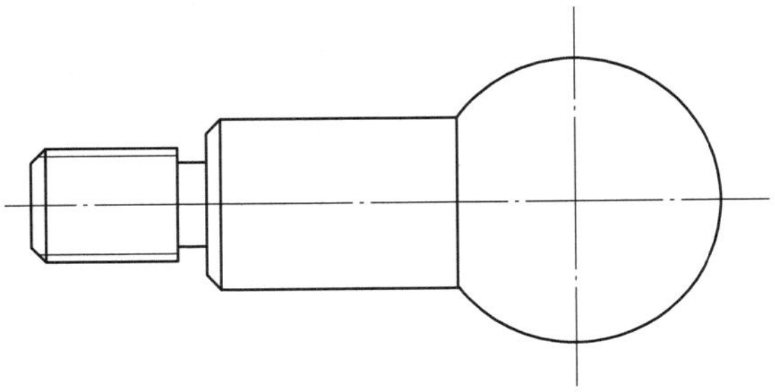

图 1-35　完成球头手柄零件轮廓

11. 标注球头手柄的尺寸并书写技术要求，如图 1-36 所示。
12. 保存文件。将绘制的球头手柄二维图保存到指定位置。

三、打印图形

设置 AutoCAD 软件的打印参数，完成球头手柄图纸的打印，以便后续质量检测和问题分析使用。

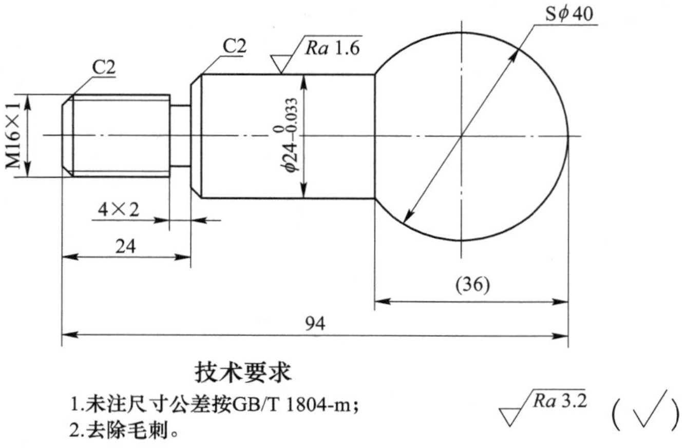

图 1-36　完成球头手柄的标注

学习活动四　图纸质量检测与问题分析

学习目标

1. 判断图幅大小是否合适，标题栏填写是否规范。
2. 判断图层设置及图形线型使用是否正确。
3. 判断球头手柄图形布图是否合理。
4. 判断球头手柄图形是否完整。
5. 判断尺寸标注是否清晰、合理及完整。
6. 判断尺寸公差标注是否正确。
7. 判断表面粗糙度符号标注是否正确。
8. 判断所标注的文字部分的技术要求书写是否规范。
9. 根据发现的问题，分析原因并修改。

建议学时

2 学时

学习过程

一、图纸质量检查

组内成员互相检查并记录检查结果，记录在表 1-6 中。

表 1-6　图纸质量检测项目及检查结果

序号	绘图要求	绘图检查
1	图幅、标题栏合理、正确	
2	图层设置合理、正确	

续表 1-6

序号	绘图要求	绘图检查
3	文字样式设置正确	
4	标注样式设置正确	
5	平面图形布局合理	
6	平面图形绘制完整、正确	
7	尺寸标注完整、正确	
8	表面粗糙度符号标注正确	
9	技术要求书写规范	
10	线型和标注与图形的比例合理	

二、问题分析

根据表 1-6 检查出的问题进行分析，记录在表 1-7 中。

表 1-7　问题类型、产生原因及改进措施

问题类型	产生原因	改进措施

三、修改图样

按照图纸检测结果修改图纸并保存。

四、打印图形

打印一张球头手柄图纸，上交技术主管进行审核。审核合格后，打印所需数量的图纸，上交技术主管，并认真填写任务记录单。

学习活动五 成果展示与评价考核

学习目标

1. 展示工作成果，并介绍自己的绘图方法。
2. 分析本次任务中出现的问题并分享改进措施。
3. 解答其他组同学的提问。
4. 公平、公正、合理地自我评价及对他人评价。
5. 自律、自省、交流、合作，有良好的职业素养。

建议学时

2 学时

学习过程

一、个人评价

按表 1-8 中的评分标准进行自我评价。

表 1-8 自我评价表

学习任务名称： 姓名： 学号：

项目	序号	评价内容	评分标准			得分
			很好	一般	较差	
图形绘制（50%）	1	图幅、标题栏合理、正确	5~4	3~2	1~0	
	2	图层设置合理、正确	5~4	3~2	1~0	
	3	文字样式设置正确	5~4	3~2	1~0	
	4	标注样式设置正确	5~4	3~2	1~0	
	5	平面图形布局合理	5~4	3~2	1~0	
	6	平面图形绘制完整、正确	5~4	3~2	1~0	
	7	尺寸标注完整、正确	5~4	3~2	1~0	
	8	表面粗糙度符号标注正确	5~4	3~2	1~0	
	9	技术要求书写规范	5~4	3~2	1~0	
	10	线型和标注与图形的比例合理	5~4	3~2	1~0	
软件操作（25%）	11	AutoCAD 软件绘图环境设置	5~4	3~2	1~0	
	12	AutoCAD 软件操作正确	5~4	3~2	1~0	
	13	AutoCAD 绘图命令执行方法正确	5~4	3~2	1~0	
	14	AutoCAD 快捷键的掌握	5~4	3~2	1~0	
	15	图形绘制方法正确	5~4	3~2	1~0	

续表 1-8

项目	序号	评价内容	评分标准			得分
			很好	一般	较差	
职业素养（25%）	16	操作规范，遵守纪律	5~4	3~2	1~0	
	17	认真细致，精益求精	5~4	3~2	1~0	
	18	自主学习，解决问题	5~4	3~2	1~0	
	19	合作创新，团队精神	5~4	3~2	1~0	
	20	遵守 7S 管理制度	5~4	3~2	1~0	
总得分						

二、小组评价

将小组评价得分填入表 1-9。

表 1-9　小组评价表

学习任务名称：　　　　　　　　组名：　　　　　　　　汇报人：

序号	评价内容	评分标准			得分
		很好	一般	稍差	
1	汇报的图形是否符合机械制图标准	10~9	8~6	5~1	
2	介绍成果是否表达清晰	10~9	8~6	5~1	
3	介绍的绘图方法是否正确	10~9	8~6	5~1	
4	汇报成果专业术语是否表达正确	10~9	8~6	5~1	
5	汇报成果说话是否逻辑正确	10~9	8~6	5~1	
6	汇报人解答他组提问是否正确	10~9	8~6	5~1	
7	团队合作创新精神	10~9	8~6	5~1	
8	7S 工作要求	10~9	8~6	5~1	
9	计算机、打印机保养	10~9	8~6	5~1	
10	汇报展示的方式是否新颖（利用多媒体等手段）	10~9	8~6	5~1	
总评分					

三、教师评价

将教师评价得分填入表 1-10。

表 1-10　教师评价表

学习任务名称：　　　　　　　　姓名：　　　　　　　　学号：

序号	评价内容	评分标准			得分
		很好	一般	稍差	
1	成果质量	10~9	8~6	5~1	
2	服从管理	10~9	8~6	5~1	
3	协作精神	10~9	8~6	5~1	

续表 1-10

序号	评价内容	评分标准			得分
		很好	一般	稍差	
4	规范意识	10~9	8~6	5~1	
5	纪律观念	10~9	8~6	5~1	
6	勇于表达	10~9	8~6	5~1	
7	质量意识	10~9	8~6	5~1	
8	工作态度	10~9	8~6	5~1	
9	反思总结	10~9	8~6	5~1	
10	自律自控	10~9	8~6	5~1	
总评分					

四、总结提升

1. 在完成任务一的工作过程中，你学到了哪些知识和技能？
2. 写一下任务一的工作总结（心得体会）。

五、学习任务一过程性考核

将本次任务的考核得分填入表 1-11。

表 1-11 学习任务一过程性考核得分表

班级		小组		姓名		学号	
项目		自我评价		小组评价		教师评价	
单项得分							
占比		占总评 20%		占总评 30%		占总评 50%	
占比得分							
总得分							

任课教师：　　　　　　　　年　月　日

拓展任务

开瓶器二维图的绘制

一、工作情境描述

企业设计部接到一项任务：根据提供的开瓶器纸质图样（见图 1-37），用 AutoCAD 软件抄画图形。技术主管将抄画任务分配给绘图员，让他根据机械制图标准，应用 AutoCAD 软件抄画出开瓶器二维图，保存电子图形并打印出来。

二、评分标准

按表 1-12 中的评分标准进行自我评价。

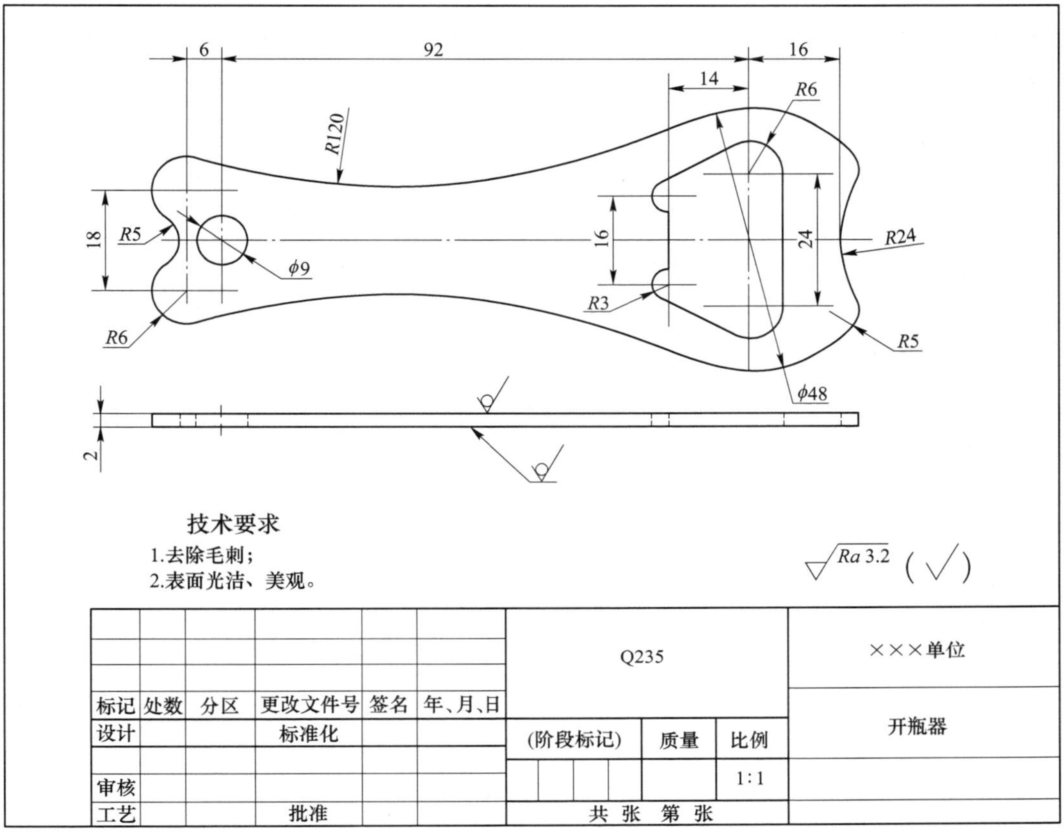

图 1-37　开瓶器图纸

表 1-12　开瓶器图纸绘制评分标准

项目	序号	评价内容	评分标准			得分
			很好	一般	较差	
图形绘制（50%）	1	图幅、标题栏合理、正确	5~4	3~2	1~0	
	2	图层设置合理、正确	5~4	3~2	1~0	
	3	文字样式设置正确	5~4	3~2	1~0	
	4	标注样式设置正确	5~4	3~2	1~0	
	5	平面图形布局合理	5~4	3~2	1~0	
	6	平面图形绘制完整、正确	5~4	3~2	1~0	
	7	尺寸标注完整、正确	5~4	3~2	1~0	
	8	表面粗糙度符号标注正确	5~4	3~2	1~0	
	9	技术要求书写规范	5~4	3~2	1~0	
	10	线型和标注与图形的比例合理	5~4	3~2	1~0	
软件操作（25%）	11	AutoCAD 软件绘图环境设置	5~4	3~2	1~0	
	12	AutoCAD 软件操作正确	5~4	3~2	1~0	
	13	AutoCAD 绘图命令执行方法正确	5~4	3~2	1~0	

续表 1-12

项目	序号	评价内容	评分标准			得分
			很好	一般	较差	
软件操作（25%）	14	AutoCAD 快捷键的掌握	5～4	3～2	1～0	
	15	图形绘制方法正确	5～4	3～2	1～0	
职业素养（25%）	16	操作规范，遵守纪律	5～4	3～2	1～0	
	17	认真细致，精益求精	5～4	3～2	1～0	
	18	自主学习，解决问题	5～4	3～2	1～0	
	19	合作创新，团队精神	5～4	3～2	1～0	
	20	遵守 7S 管理制度	5～4	3～2	1～0	
总得分						

学习任务二　支承轴二维图的绘制

· 学习目标

1. 识读标题栏，了解支承轴的材料、比例。
2. 识读支承轴图形，确定支承轴的结构形状、尺寸、几何公差和表面质量要求。
3. 识读技术要求，确定支承轴的未注尺寸要求。
4. 独立完成图层、线型、文字样式、标注样式等内容的设置。
5. 根据支承轴的结构，确定绘图步骤。
6. 绘制支承轴图形的图框和标题栏。
7. 应用“直线”“圆”“倒角”“图案填充”“镜像”“修剪”“快速引线”等命令绘制支承轴图形。
8. 完成支承轴图形的尺寸标注，以及尺寸公差、几何公差、基准符号、表面粗糙度符号等技术要求的标注。
9. 应用“多行文字”命令书写技术要求。
10. 正确完成图纸打印的设置，并打印出支承轴二维图纸。
11. 检测图纸质量，并对发现的问题进行修改。
12. 对自己所完成的工作成果进行展示，并进行分析说明。
13. 按“7S”管理要求对学习工作站进行正确的使用、维护和保养。
14. 服从安排，具备从业人员的责任感、团队沟通合作等职业素养。

· 建议学时

12 学时

· 工作情境描述

企业设计部接到一项任务：根据提供的支承轴纸质图样（见图 2-1），用 AutoCAD 软件抄画图形。技术主管将抄画任务分配给绘图员，让他根据机械制图标准，应用 AutoCAD 软件抄画出支承轴图形，保存电子图形并打印出来。

· 工作流程与活动

1. 支承轴二维图形的分析（2 学时）。
2. AutoCAD 软件的基本操作（2 学时）。
3. 支承轴二维图的绘制与打印（4 学时）。
4. 图纸质量检测及问题分析（2 学时）。
5. 成果展示与评价考核（2 学时）。

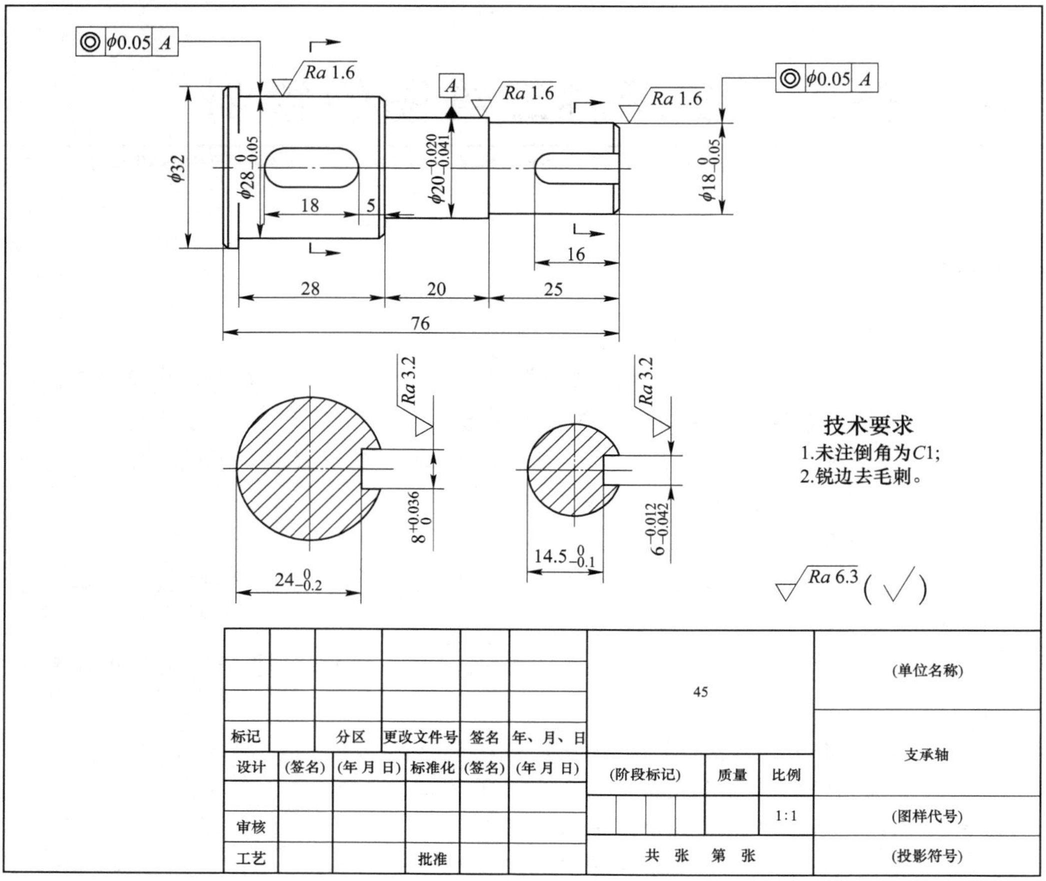

图 2-1 支承轴图形

学习活动一 支承轴二维图形的分析

学习目标

1. 通过识读标题栏，了解支承轴的材料、比例。
2. 通过识读主视图，确定支承轴的结构形状、尺寸、几何公差和表面粗糙度等要求。
3. 通过识读主视图和断面图，确定支承轴上键槽的尺寸、几何公差和表面质量要求。
4. 通过识读技术要求，确定支承轴的未注尺寸要求。
5. 通过识读支承轴图形，确定图幅、图层、线型、文字样式、标注样式等内容的设置。
6. 能根据支承轴的结构，确定绘图步骤。
7. 能与技术主管沟通，确定绘制支承轴图形所用到的 AutoCAD 命令。

建议学时

2 学时

学习过程

一、接受任务

听技术主管描述本次绘图任务，正确填写任务记录单（见表 2-1）。

表 2-1 任务记录单

部门名称				出图数量	
任务名称				预交付时间	年 月 日
下单人		年 月 日	接单人		年 月 日
制图		年 月 日	审核		年 月 日
批准		年 月 日	交付人		年 月 日

二、识读支承轴图形

1. 支承轴是由什么材料制造的？采用的比例是多少？
2. 支承轴图形采用几个视图来表达零件的形状和结构？分别是什么图？
3. 支承轴的轴向基准和径向基准分别是哪个位置？
4. 支承轴零件上哪些位置有尺寸公差？
5. 支承轴上的两处键槽的长宽深尺寸分别是多少？
6. 支承轴哪些位置有几何公差要求？其含义是什么？
7. 支承轴的倒角尺寸是多少？

三、确定绘图方案

1. 支承轴图形采用何种图纸幅面？
2. 支承轴图形需要建立哪几个图层？
3. 主视图上键槽的绘制方法是什么？
4. 断面图上剖面线的绘制方法是什么？
5. 如何快速标注基准符号和表面粗糙度符号？
6. 如何标注支承轴图形上的几何公差？
7. 当尺寸数字或表面粗糙度符号与轮廓线、中心线相交时应如何处理？
8. 简述支承轴图形的绘制步骤。
9. 与技术主管沟通，确定绘制支承轴图形所用到的 AutoCAD 命令。

学习活动二 AutoCAD 软件的基本操作

学习目标

1. 结合“极轴追踪”与“自动追踪”合理画线。
2. 结合“对象捕捉”与“对象追踪”合理画线。

3. 应用“打断”命令将对象打断去除。
4. 应用“填充图案”命令对选定对象进行填充。
5. 创建图块，并将创建的图块插入到指定位置。
6. 应用“公差”命令，标注几何公差。
7. 应用“移动”命令调整图形位置。
8. 应用“快速引线”命令创建带箭头剖面符号等特殊标注符号。
9. 按“7S”管理要求对学习工作站进行正确的使用、维护和保养。

建议学时

2 学时

学习过程

一、极轴追踪与自动追踪

1. 打开极轴追踪功能并启动直线命令后，鼠标指针就沿用户设定的极轴方向移动，AutoCAD 在该方向上显示一条追踪辅助线及光标点的极坐标值。输入线段的长度后，按 Enter 键，就绘制出指定长度的线段。

2. 自动追踪是指 AutoCAD 从一点开始自动沿某一方向进行追踪，追踪方向上将显示一条追踪辅助线及光标点的极坐标值。输入追踪距离，按 Enter 键，就确定新的点。在使用自动追踪功能时，必须打开对象捕捉。AutoCAD 首先捕捉一个几何点作为追踪参考点，然后沿水平方向、竖直方向或设定的极轴方向进行追踪。极轴设置如图 2-2 所示。

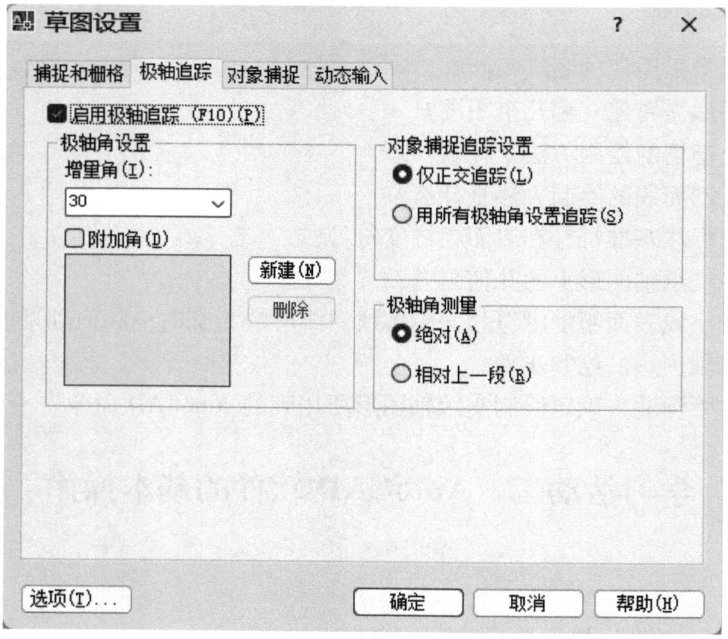

图 2-2 对象捕捉

3. 使用“直线”命令，利用极轴追踪功能，绘制图 2-3 所示的图形。

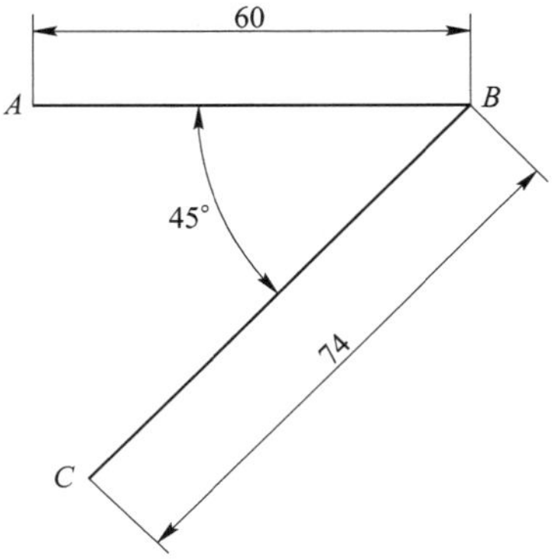

图 2-3　极轴追踪

二、对象捕捉与对象追踪

通过对象捕捉功能可以捕捉某些特殊的点对象，如端点、中点、圆心和交点等。单击状态栏中的“对象捕捉”按钮，该按钮呈凹下状态时，即启用了对象捕捉功能。启用对象捕捉功能并执行相应的绘图命令后，移动十字光标到图形的某些特点上，将有特定的符号将该点显示出来，单击鼠标就可快速定位到该点。

1. 设置对象捕捉。用直线命令绘制线段的过程中，可启动对象捕捉功能，以拾取一些特殊的几何点，如端点、圆心、切点等。【对象捕捉】工具栏中包含了各种对象捕捉工具，其中常用捕捉工具的功能及命令代号见表 2-2。

表 2-2　对象捕捉模式

捕捉图标	名称	捕捉图标	名称
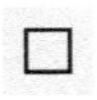			

		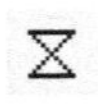	

2. 应用“直线”命令，利用对象捕捉功能，将图 2-4 的（a）图编辑成（b）图。

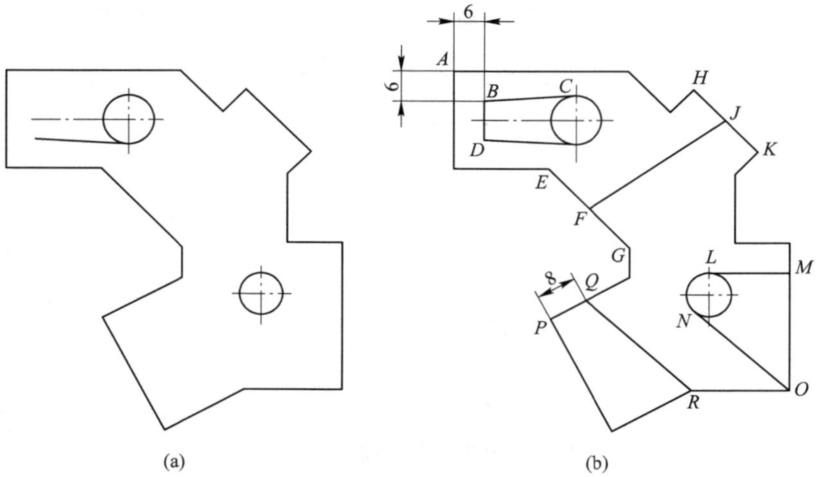

图 2-4 对象捕捉

三、打断

"打断"命令可以删除对象的一部分，常用于打断线段、圆、圆弧、椭圆等。此命令既可以在一个点处打断对象，也可以在指定的两点间打断对象。

1."打断"命令的启动方式有哪些？

2."打断"命令选项如下：

（1）指定第二个打断点：在图形对象上选取第二点后，AutoCAD 将第一打断点与第二打断点间的部分删除。

（2）第一点（F）：该选项使用户可以重新指定第一打断点。

3. 应用"打断"命令，将图 2-5 的（a）图编辑成（b）图。

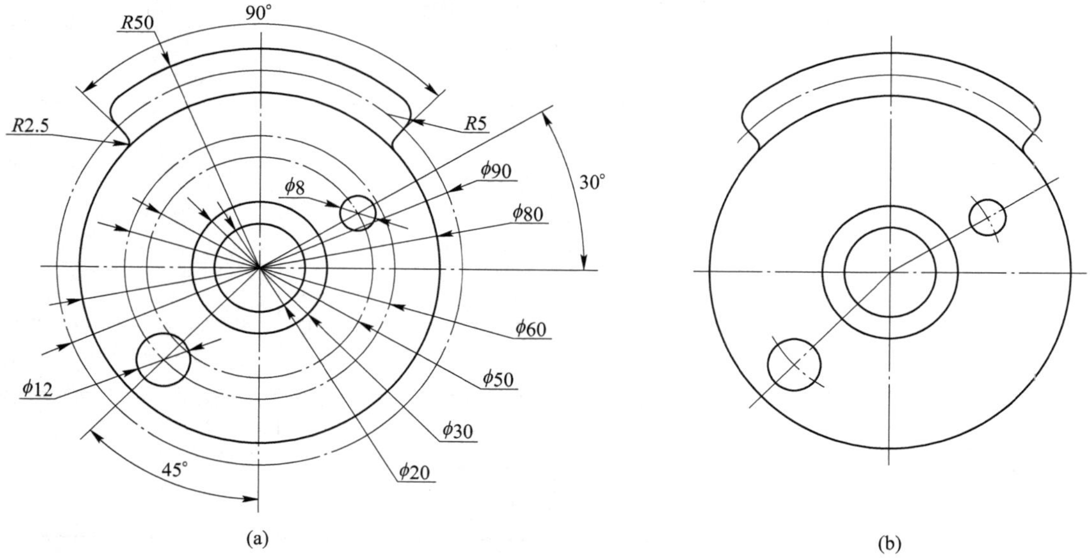

图 2-5 "打断"命令

四、图案填充

绘制物体的剖面或断面时，常常需要使用某一种图案来充满某个指定区域，这个过程即为图案填充。

1.“图案填充”命令的启动方式有哪些？

2. 应用“图案填充”命令，将图 2-6 的（a）图编辑成（b）图。

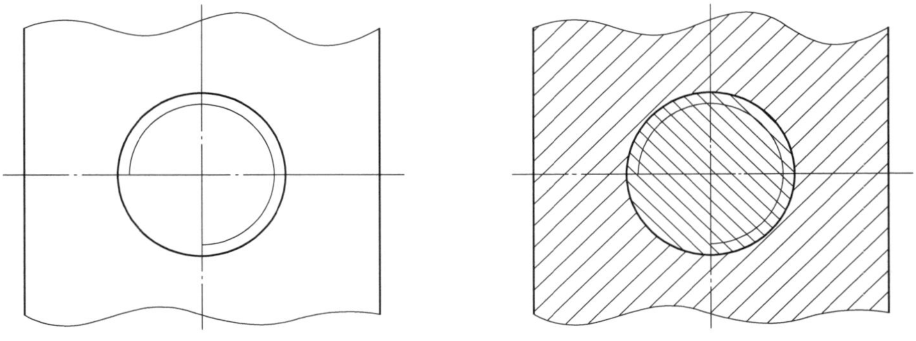

(a) (b)

图 2-6 “图案填充”命令

五、移动

“移动”命令可以将单个图形对象或多个图形对象从当前位置移到新位置，这种移动并不改变对象尺寸和方位，只是改变实际坐标位置。

1.“移动”命令的启动方式有哪些？

2.“移动”命令选项如下：

（1）在屏幕上指定两个点，这两点的距离和方向代表了实体移动的距离和方向。当 AutoCAD 提示“指定基点”时，指定移动的基准点。在 AutoCAD 提示“指定第二个点”时，捕捉第二点或输入第二点相对于基准点的相对直角坐标或极坐标。

（2）以“X，Y”方式输入对象沿 X、Y 轴移动的距离，或用“距离<角度”方式输入对象位移的距离和方向。当 AutoCAD 提示“指定基点”时，输入位移值。在 AutoCAD 提示“指定第二个点”时，按 Enter 键确认，这样 AutoCAD 就以输入的位移值来移动图形对象。

（3）打开正交或极轴追踪功能，就能方便地将实体只沿 X 或 Y 轴方向移动。当 AutoCAD 提示“指定基点”时，单击一点并把实体向水平或竖直方向移动，然后输入位移的数值。

（4）使用“位移（D）”选项。启动该选项后，AutoCAD 提示“指定位移”，此时，以“X，Y”方式输入对象沿 X、Y 轴移动的距离，或者以“距离<角度”方式输入对象位移的距离和方向。

3. 应用“移动”命令，将图 2-7 和图 2-8 的（a）图编辑成（b）图。

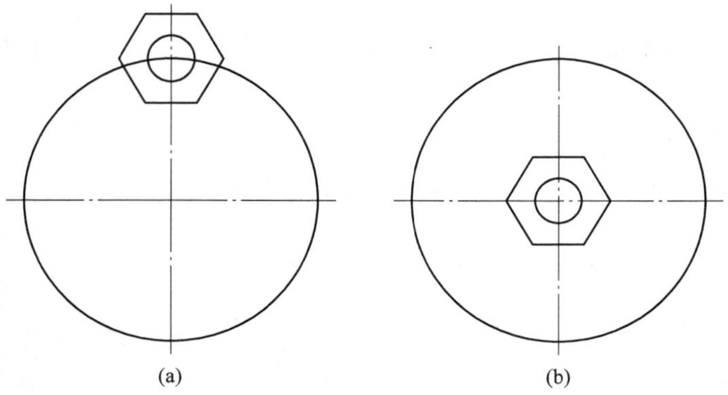

图 2-7 “移动”命令 1

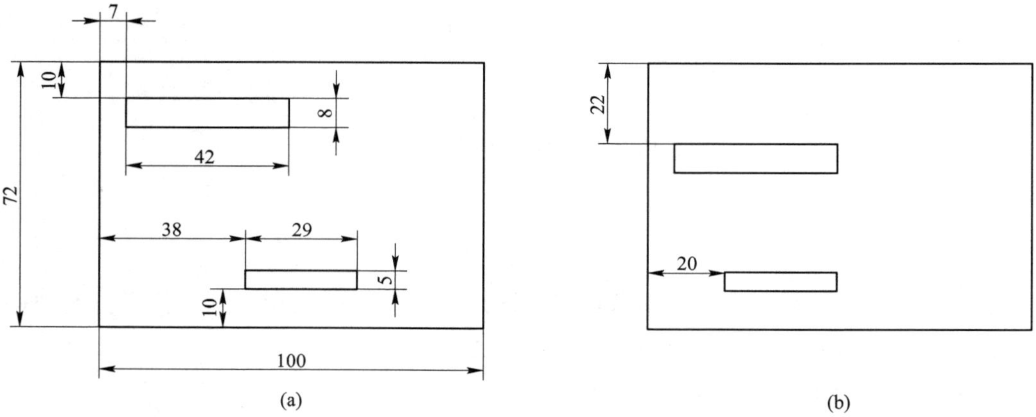

图 2-8 “移动”命令 2

六、快速引线

“快速引线”命令可以创建带箭头的指引线，还可在指引线的基础上加入多行文字、几何公差等。

1.“快速引线”命令的启动方式有哪些？

2. 应用“快速引线”命令创建箭头等特殊标注符号。引线设置如图 2-9 所示。

七、图块

图块又称为块，块命令可以将图形的一部分或整个图形创建成图块，用户可以给图块起名，并可定义插入基点。

创建块

（1）“创建块”命令的启动方式有哪些？

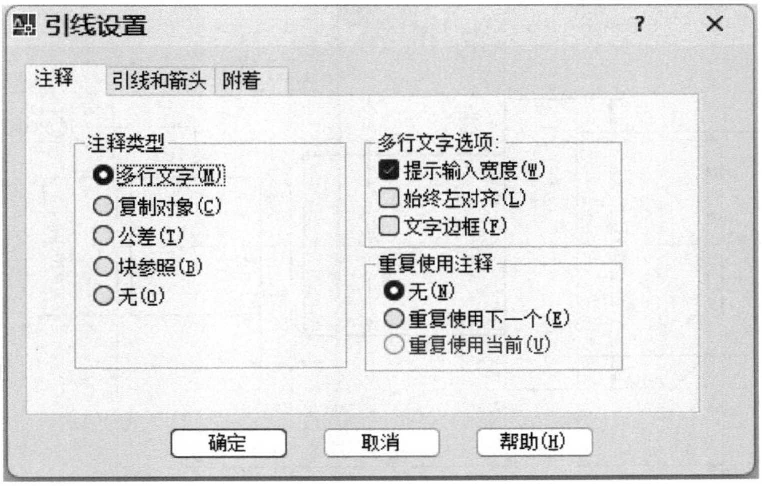

图 2-9 引线设置

（2）将图 2-10 所示图形创建为块。

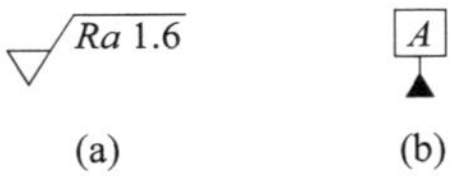

图 2-10 创建块

（a）表面粗糙度符号；（b）基准符号

插入块

（1）“插入块”命令的启动方式有哪些？

（2）应用“插入块”命令，将图 2-11 的（a）图编辑成（b）图。

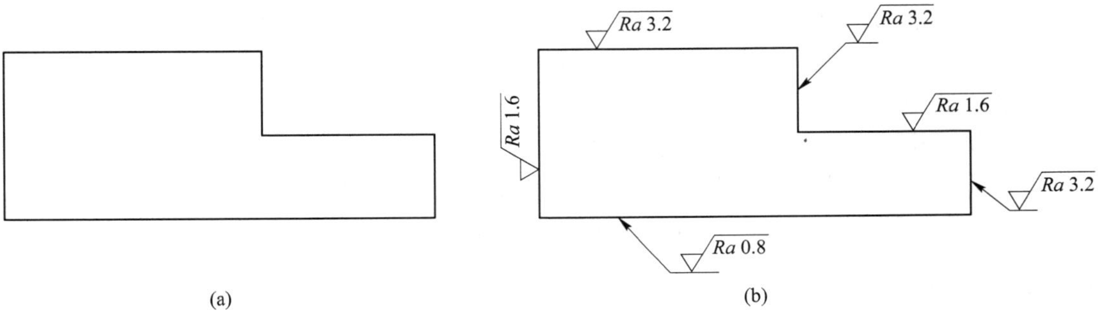

图 2-11 插入块

八、几何公差

1.“公差”命令的启动方式有哪些？

2. 应用“公差”命令和“快速引线”命令分别标注图 2-12 中的几何公差。

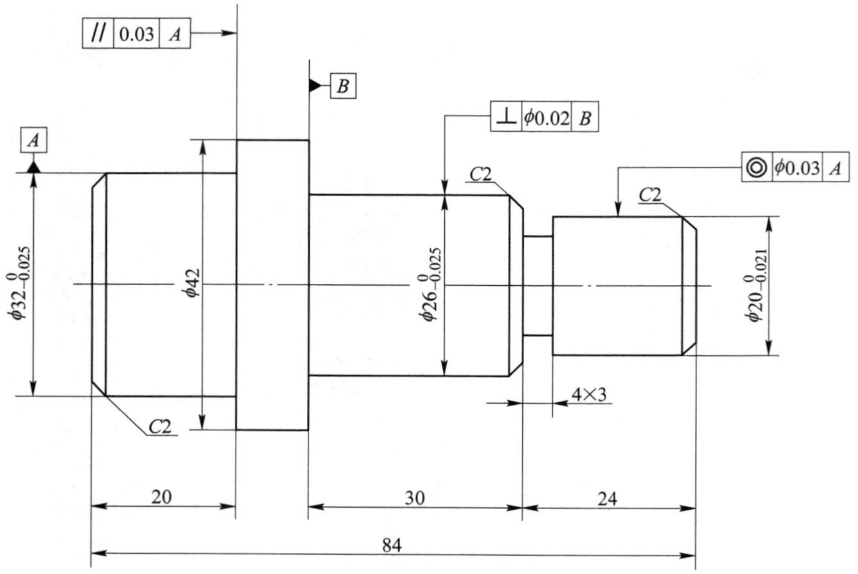

图 2-12　几何公差标注示例

学习活动三　支承轴二维图的绘制与打印

学习目标

1. 绘制支承轴图形的图框和标题栏。
2. 根据支承轴图形所用线型新建图层。
3. 正确应用“直线”“延伸”“偏移”“镜像”等命令绘制主视图。
4. 正确应用“直线”“圆”“图案填充”等命令绘制断面图。
5. 应用“线性”标注命令正确合理标注尺寸。
6. 创建基准和表面粗糙度符号图块，并能应用“插入块”命令完成基准和表面粗糙度符号的标注。
7. 正确应用“公差”和“快速引线”命令标注几何公差。
8. 正确应用“快速引线”命令绘制带箭头的标注。
9. 正确应用“多行文字”命令书写支承轴图纸中的技术要求。
10. 完成“打印”对话框的设置，并能打印支承轴二维图纸。

建议学时

4 学时

学习过程

一、绘图准备

工具：AutoCAD 绘图软件。

材料：支承轴图形。
设备：计算机、打印机。
资料：工作页。

二、绘图过程

1. 新建图层。启动 AutoCAD 绘图软件，根据支承轴图形，新建五个图层，见表 2-3。

表 2-3　图层设置

图层名称	颜色	线型	线宽
粗实线层	白色（7）	Continuous	0.5 mm
细实线层	蓝色（5）	Continuous	0.25 mm
中心线层	红色（1）	CENTER	0.25 mm
尺寸线层	绿色（3）	Continuous	0.25 mm
文字层	绿色（3）	Continuous	0.25 mm

2. 绘制图框、标题栏，确定绘图比例。根据支承轴图形的轮廓尺寸，采用 1∶1 的绘图比例绘制在 A4 图纸上，绘制图框和标题栏。

3. 绘制主视图的步骤如下：

（1）绘制长约 100 mm 的中心线。

（2）利用“直线”和“偏移”命令，绘制直线确定每段轴段的长度位置，如图 2-13 所示。

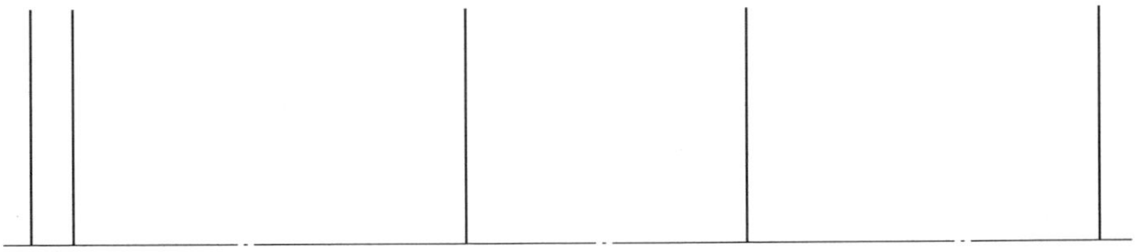

图 2-13　绘制直线确定每段轴段的长度位置

（3）利用“直线”和“修剪”命令，绘制主视图上半部分外轮廓，如图 2-14 所示。

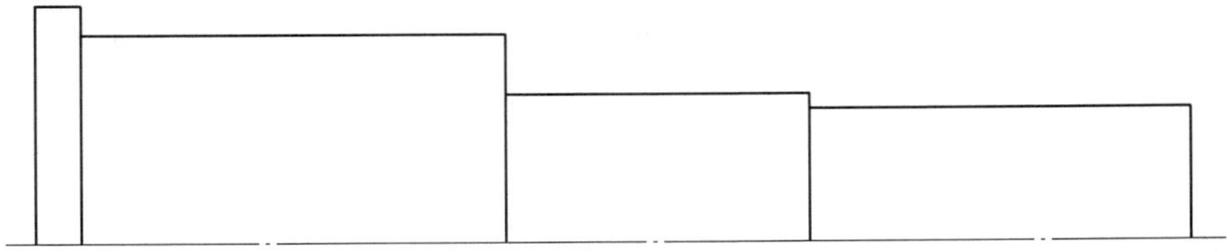

图 2-14　绘制主视图上半部分外轮廓

（4）利用“倒角”命令绘制未注倒角 $C1$，并绘制倒角线，如图 2-15 所示。

（5）利用“镜像”命令，将主视图上半部分轮廓镜像生成下半部分轮廓，如图 2-16 所示。

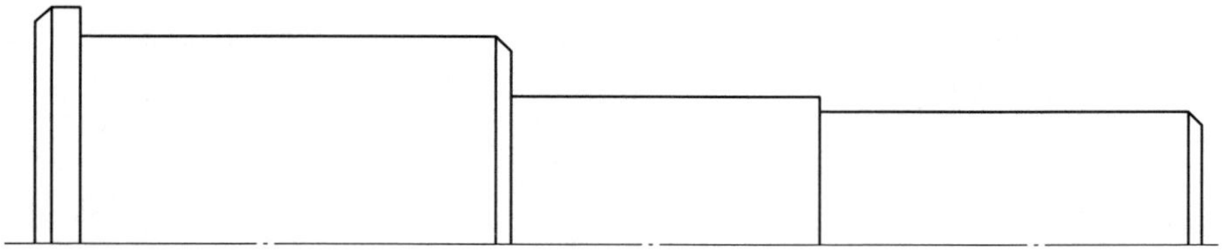

图 2-15 绘制倒角

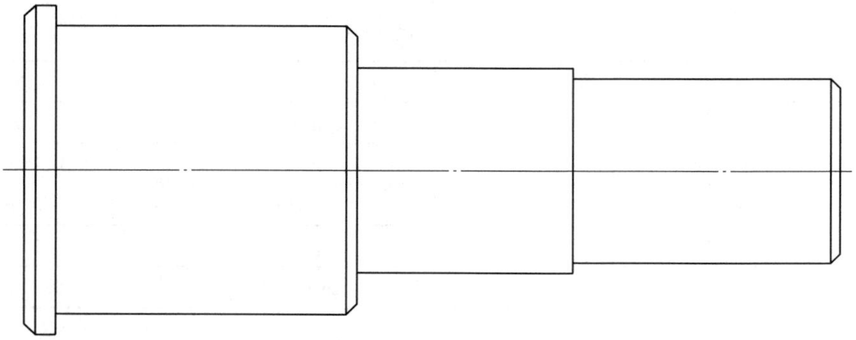

图 2-16 镜像

（6）利用“圆”“直线”“修剪”等命令，绘制主视图上的两处键槽，如图 2-17 所示。

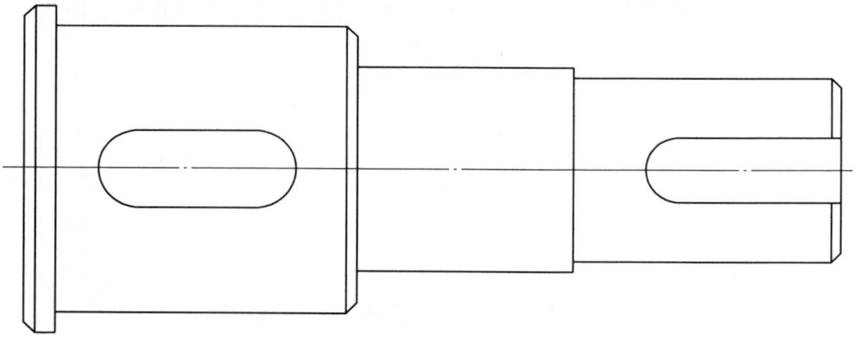

图 2-17 绘制键槽

4. 绘制断面图。利用“圆”“直线”“修剪”“图案填充”等命令，绘制两个断面图，如图 2-18 所示。

5. 标注尺寸和几何公差：

（1）标注线性尺寸。利用“线性”标注命令，标注支承轴图形中的线性尺寸及尺寸公差，如图 2-19 所示。

（2）标注基准符号。创建基准符号并标注在主视图中，如图 2-19 所示。

（3）标注几何公差。利用“公差”命令，标注主视图上的两处几何公差，如图 2-19 所示。

（4）标注表面粗糙度符号。创建表面粗糙度符号图块，并将其插入到标注位置，如图 2-19 所示。

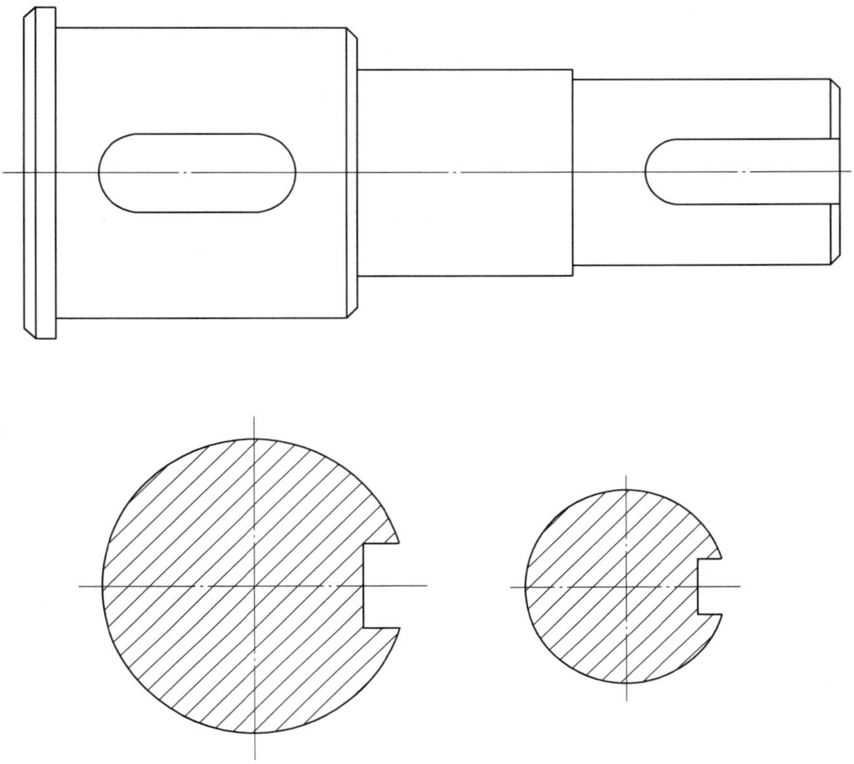

图 2-18　绘制两断面图

（5）标注断面符号。利用“直线”和“快速引线”命令，绘制断面符号，如图 2-19 所示。

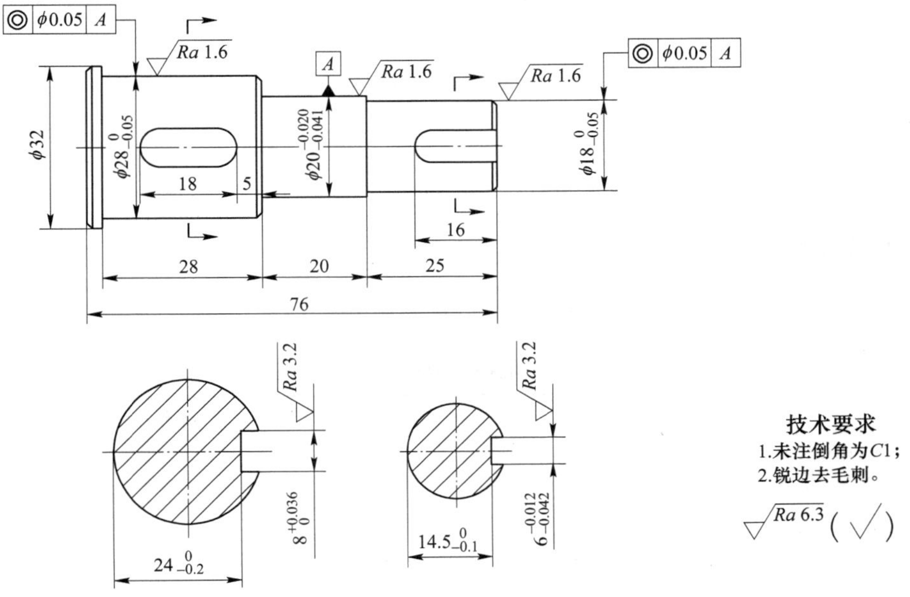

图 2-19　标注

6. 标注技术要求。利用“多行文字”命令，书写支承轴图形中的技术要求，如图 2-19 所示。

7. 保存文件。将绘制的支承轴二维图保存到指定位置。

三、打印图形

设置 AutoCAD 软件的打印参数，完成支承轴图纸的打印，以便后续质量检测和问题分析使用。

学习活动四　图纸质量检测与问题分析

学习目标

1. 判断图幅大小是否合适，标题栏填写是否规范。
2. 判断图层设置及图形线型使用是否正确。
3. 判断支承轴图形布图是否合理。
4. 判断支承轴图形是否完整。
5. 判断尺寸标注是否清晰、合理及完整。
6. 判断尺寸公差标注是否正确。
7. 判断几何公差及基准符号标注是否正确。
8. 判断表面粗糙度符号标注是否正确。
9. 判断所标注断面符号及标注是否正确。
10. 判断所标注的文字部分的技术要求书写是否规范。
11. 根据发现的问题，分析原因并修改。

建议学时

2 学时

学习过程

一、图纸质量检测

组内成员互相检查并记录检测结果，记录在表 2-4 中。

表 2-4　图纸质量检测项目及检测结果

序号	绘图要求	检测结果
1	图幅、标题栏及图层合理、正确	
2	文字样式、标注样式设置正确	
3	平面图形布局合理	
4	平面图形绘制完整、正确	
5	尺寸标注完整、正确	

续表 2-4

序号	绘图要求	检测结果
6	几何公差及基准符号标注正确	
7	表面粗糙度符号标注正确	
8	剖面符号及标注正确	
9	技术要求书写规范	
10	线型和标注与图形的比例合理	

二、问题分析

根据表 2-5 检查出的问题进行分析，记录在表 2-5 中。

表 2-5　问题类型、产生原因及改进措施

问题类型	产生原因	改进措施

三、修改图样

按照图纸检查结果修改图纸并保存。

四、打印图形

打印一张支承轴图纸，上交技术主管进行审核。审核合格后，打印所需数量的图纸，上交技术主管，并认真填写任务记录单。

学习活动五　成果展示与评价考核

学习目标

1. 展示工作成果，并介绍自己的绘图方法。

2. 分析本次任务中出现的问题并分享改进措施。
3. 解答其他组同学的提问。
4. 公平、公正、合理地自我评价及对他人评价。
5. 自律、自省、交流、合作，有良好的职业素养。

建议学时

2 学时

学习过程

一、个人评价

按表 2-6 中的评分标准进行自我评价。

表 2-6 自我评价表

学习任务名称： 姓名： 学号：

项目	序号	评价内容	评分标准			得分
			很好	一般	较差	
图形绘制（50%）	1	图幅、标题栏及图层合理、正确	5～4	3～2	1～0	
	2	文字样式、标注样式设置正确	5～4	3～2	1～0	
	3	平面图形布局合理	5～4	3～2	1～0	
	4	平面图形绘制完整、正确	5～4	3～2	1～0	
	5	尺寸标注完整、正确	5～4	3～2	1～0	
	6	几何公差及基准符号标注正确	5～4	3～2	1～0	
	7	表面粗糙度符号标注正确	5～4	3～2	1～0	
	8	剖面符号及标注正确	5～4	3～2	1～0	
	9	技术要求书写规范	5～4	3～2	1～0	
	10	线型和标注与图形的比例合理	5～4	3～2	1～0	
软件操作（25%）	11	AutoCAD 软件绘图环境设置	5～4	3～2	1～0	
	12	AutoCAD 软件操作正确	5～4	3～2	1～0	
	13	AutoCAD 绘图命令执行方法正确	5～4	3～2	1～0	
	14	AutoCAD 快捷键的掌握	5～4	3～2	1～0	
	15	图形绘制方法正确	5～4	3～2	1～0	
职业素养（25%）	16	操作规范，遵守纪律	5～4	3～2	1～0	
	17	认真细致，精益求精	5～4	3～2	1～0	
	18	自主学习，解决问题	5～4	3～2	1～0	
	19	合作创新，团队精神	5～4	3～2	1～0	
	20	遵守 7S 管理制度	5～4	3～2	1～0	
总得分						

二、小组评价

将小组评价得分填入表2-7。

表2-7　小组评价表

学习任务名称：　　　　　　　　　组名：　　　　　　　　　汇报人：

序号	评价内容	评分标准			得分
		很好	一般	稍差	
1	图形是否符合机械制图标准	10~9	8~6	5~1	
2	介绍成果是否表达清晰	10~9	8~6	5~1	
3	介绍的绘图方法是否正确	10~9	8~6	5~1	
4	汇报成果专业术语是否表达正确	10~9	8~6	5~1	
5	汇报成果说话是否逻辑正确	10~9	8~6	5~1	
6	汇报人解答他组提问是否正确	10~9	8~6	5~1	
7	团队合作创新精神	10~9	8~6	5~1	
8	7S工作要求	10~9	8~6	5~1	
9	计算机、打印机保养	10~9	8~6	5~1	
10	汇报展示的方式是否新颖（利用多媒体等手段）	10~9	8~6	5~1	
总评分					

三、教师评价

将教师评价得分填入表2-8中。

表2-8　教师评价表

学习任务名称：　　　　　　　　　学生姓名：　　　　　　　　　学号：

序号	评价内容	评分标准			得分
		很好	一般	稍差	
1	成果质量	10~9	8~6	5~1	
2	服从管理	10~9	8~6	5~1	
3	协作精神	10~9	8~6	5~1	
4	规范意识	10~9	8~6	5~1	
5	纪律观念	10~9	8~6	5~1	
6	勇于表达	10~9	8~6	5~1	
7	质量意识	10~9	8~6	5~1	
8	工作态度	10~9	8~6	5~1	
9	反思总结	10~9	8~6	5~1	
10	自律自控	10~9	8~6	5~1	
总评分					

四、总结提升

1. 在完成任务二的工作过程中，你学到了哪些知识和技能？
2. 写一下任务二的工作总结（心得体会）。

五、学习任务二过程性考核

将本次任务的考核得分填入表 2-9。

表 2-9 学习任务二过程性考核得分表

班级		小组		姓名		学号	
项目		自我评价		小组评价		教师评价	
单项得分							
占比		占总评 20%		占总评 30%		占总评 50%	
占比得分							
总得分							

任课教师： 年 月 日

拓展任务

限位轴二维图的绘制

一、工作情境描述

企业设计部接到一项任务：根据提供的限位轴纸质图样（见图 2-20），用 AutoCAD 软件抄画图形。技术主管将抄画任务分配给绘图员，让他根据机械制图标准，应用 AutoCAD 软件抄画出限位轴二维图，保存电子图形并打印出来。

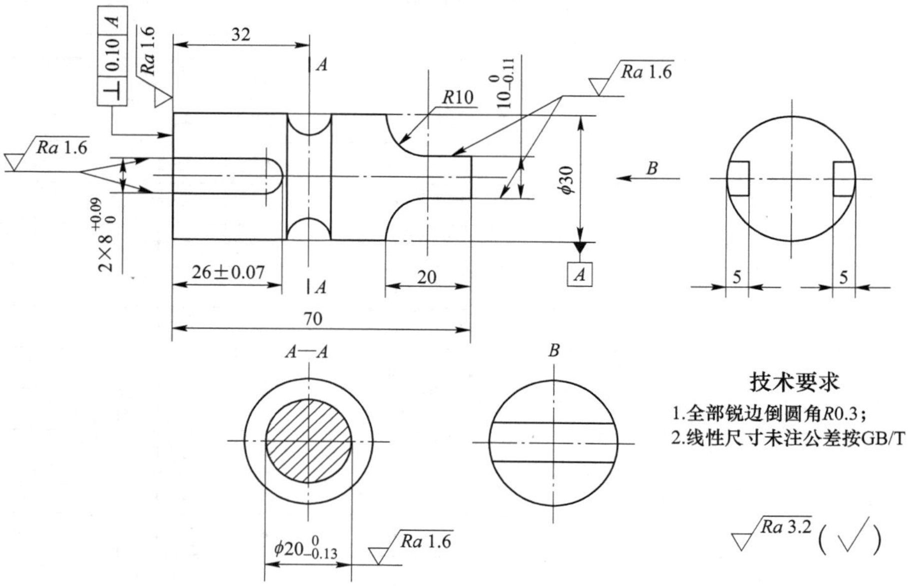

图 2-20 限位轴图纸

二、评分标准

按表 2-10 中的评分标准进行自我评价。

表 2-10　限位轴图纸绘制评分标准

项目	序号	评价内容	评分标准			得分
			很好	一般	较差	
图形绘制（50%）	1	图幅、标题栏及图层合理、正确	5～4	3～2	1～0	
	2	文字样式、标注样式设置正确	5～4	3～2	1～0	
	3	平面图形布局合理	5～4	3～2	1～0	
	4	平面图形绘制完整、正确	5～4	3～2	1～0	
	5	尺寸标注完整、正确	5～4	3～2	1～0	
	6	几何公差及基准符号标注正确	5～4	3～2	1～0	
	7	表面粗糙度符号标注正确	5～4	3～2	1～0	
	8	剖面符号及标注正确	5～4	3～2	1～0	
	9	技术要求书写规范	5～4	3～2	1～0	
	10	线型和标注与图形的比例合理	5～4	3～2	1～0	
软件操作（25%）	11	AutoCAD 软件绘图环境设置	5～4	3～2	1～0	
	12	AutoCAD 软件操作正确	5～4	3～2	1～0	
	13	AutoCAD 绘图命令执行方法正确	5～4	3～2	1～0	
	14	AutoCAD 快捷键的掌握	5～4	3～2	1～0	
	15	图形绘制方法正确	5～4	3～2	1～0	
职业素养（25%）	16	操作规范，遵守纪律	5～4	3～2	1～0	
	17	认真细致，精益求精	5～4	3～2	1～0	
	18	自主学习，解决问题	5～4	3～2	1～0	
	19	合作创新，团队精神	5～4	3～2	1～0	
	20	遵守 7S 管理制度	5～4	3～2	1～0	
总得分						

学习任务三　模具推料板二维图的绘制

·学习目标

1. 识读标题栏，了解模具推料板的材料、比例。

2. 识读模具推料板图形，确定模具推料板的结构形状、尺寸、几何公差和表面质量要求。

3. 识读技术要求，确定模具推料板的未注尺寸要求。

4. 独立完成图层、线型、文字样式、标注样式等内容的设置。

5. 根据模具推料板的结构，确定绘图步骤。

6. 绘制模具推料板图形的图框和标题栏。

7. 应用“直线”“圆”“阵列”“复制”“图案填充”“镜像”“缩放”等命令绘制模具推料板图形。

8. 应用“直线”“快速引线”“多行文字”命令标注剖切符号。

9. 完成模具推料板图形的尺寸标注，以及尺寸公差、几何公差、基准符号、表面粗糙度符号等技术要求的标注。

10. 正确完成图纸打印的设置，并打印出模具推料板二维图纸。

11. 检测图纸质量，并对发现的问题进行修改。

12. 对自己所完成的工作成果进行展示，并进行分析说明。

13. 按“7S”管理要求对学习工作站进行正确的使用、维护和保养。

14. 服从安排，具备从业人员的责任感、团队沟通合作等职业素养。

·建议学时

12 学时

·工作情境描述

企业设计部接到一项任务：根据提供的模具推料板零件纸质图样（见图 3-1），用 AutoCAD 软件抄画图形。技术主管将抄画任务分配给绘图员，让他根据机械制图标准，应用 AutoCAD 软件抄画出模具推料板图形，保存电子图形并打印出来。

·工作流程与活动

1. 模具推料板二维图形的分析（2 学时）。

2. AutoCAD 软件的基本操作（2 学时）。

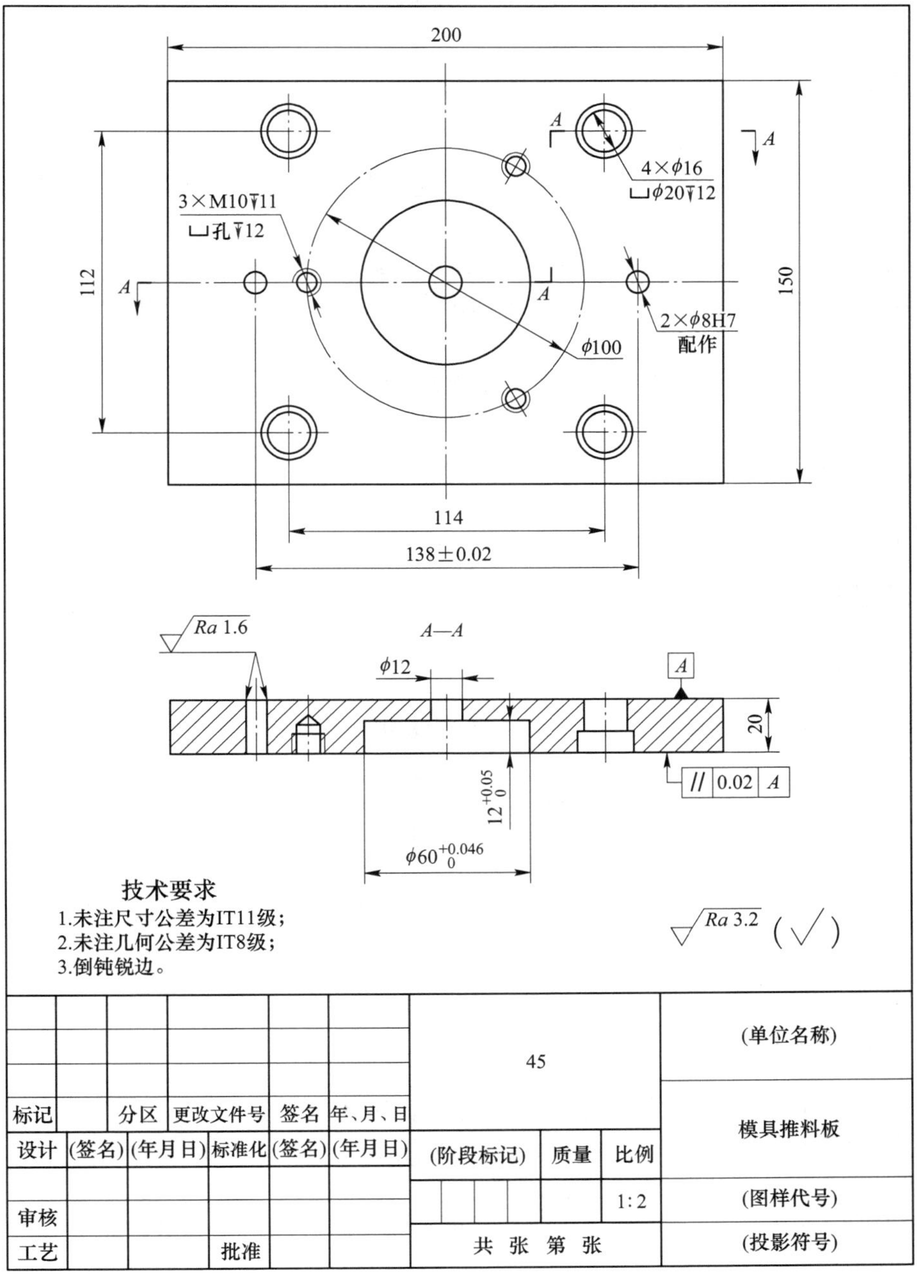

图 3-1 模具推料板图形

3. 模具推料板二维图的绘制与打印（4 学时）。

4. 图纸质量检测及问题分析（2 学时）。

5. 成果展示与评价考核（2 学时）。

学习活动一　模具推料板二维图形的分析

学习目标

1. 识读标题栏，了解模具推料板的材料、比例。
2. 识读模具推料板的主视图和俯视图，确定模具推料板的结构形状、尺寸、几何公差和表面粗糙度等要求。
3. 识读技术要求，确定模具推料板的未注尺寸要求。
4. 识读模具推料板图形，确定图幅、图层、线型、文字样式、标注样式等内容的设置。
5. 根据模具推料板的结构，确定绘图方法和步骤。
6. 与技术主管沟通，确定绘制模具推料板图形所用到的 AutoCAD 命令。

建议学时

2 学时

学习过程

一、接受任务

听技术主管描述本次绘图任务，正确填写任务记录单（见表 3-1）。

表 3-1　任务记录单

部门名称				出图数量	
任务名称				预交付时间	年　月　日
下单人		年　月　日	接单人		年　月　日
制图		年　月　日	审核		年　月　日
批准		年　月　日	交付人		年　月　日

二、识读模具推料板图形

1. 模具推料板是由什么材料制造的？采用的比例是多少？
2. 模具推料板图形采用几个视图来表达？采用了什么表达方法？
3. 模具推料板的形状和结构都有哪些？
4. 模具推料板长度方向的尺寸基准是哪里？以长度方向的尺寸基准线为基准标注了哪些尺寸？
5. 模具推料板宽度方向的尺寸基准是哪里？以宽度方向的尺寸基准线为基准标注了哪些尺寸？
6. 模具推料板高度方向的尺寸基准是哪里？以高度方向的尺寸基准线为基准标注了哪些尺寸？
7. 模具推料板图纸中标注的“$\frac{3\times \text{M10}\downarrow 11}{\sqcup \text{孔}\downarrow 12}$”是什么含义？

8. 模具推料板图纸中标注的“$\frac{4\times\phi16}{\sqcup\phi20\,\overline{\downarrow}12}$”是什么含义？

9. 模具推料板图纸中标注的“$\frac{2\times\phi8H7}{配作}$”是什么含义？

10. 模具推料板哪个位置有几何公差要求？其含义是什么？

11. 模具推料板表面结构要求最高的地方是哪里？其表面粗糙度值为多少？

12. 模具推料板图纸文字部分的技术要求有哪些？

三、确定绘图方案

1. 绘制模具推料板图形采用何种图纸幅面？
2. 绘制模具推料板图形需要建立哪几个图层？
3. 如何绘制模具推料板的螺纹结构？
4. 模具推料板图形中各种孔都有什么规律？可以采用什么命令绘制？
5. 当标注中出现非数字的一些符号时，该如何标注？
6. 简述绘制模具推料板图形的步骤。
7. 与技术主管沟通，确定绘制模具推料板图形所用到的 AutoCAD 命令。

学习活动二　AutoCAD 软件的基本操作

学习目标

1. 应用“矩形”命令绘制矩形。
2. 应用“阵列”命令将对象进行矩形阵列。
3. 应用“阵列”命令将对象进行环形阵列。
4. 应用“复制”命令将对象进行复制。
5. 应用“缩放”命令创建形状相同，大小不同的图形。
6. 设置标注样式，对直径、半径进行水平标注。
7. 按“7S”管理要求对学习工作站进行正确的使用、维护和保养。

建议学时

2 学时

学习过程

一、矩形

“矩形”命令用于绘制矩形，只需指定矩形对角线的两个端点就能画出矩形，绘制时，可指定顶点处的倒角距离及圆角半径。

1.“矩形”命令的启动方式有哪些？

2.“矩形”命令选项如下：

（1）倒角（C）：指定矩形各顶点倒角的大小。
（2）圆角（F）：指定矩形各顶点倒圆角半径。
（3）宽度（W）：设置矩形边的线宽。
3. 应用“矩形”命令，绘制图 3-2 图形。

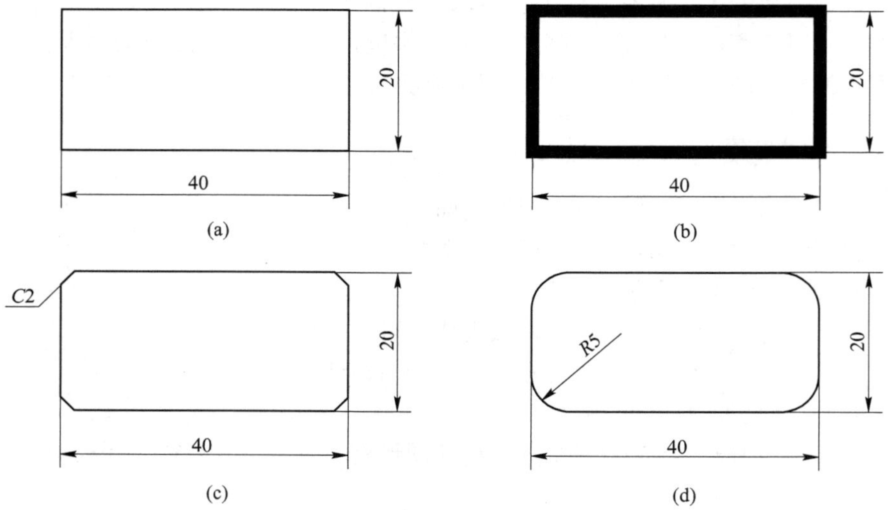

图 3-2 “矩形”命令
（a）矩形线宽为 0.5 mm；（b）矩形线宽为 2 mm ；（c）画倒角矩形；（d）画圆角矩形

二、阵列

“阵列”命令可以在矩形或环形（圆形）阵列中创建对象的副本。
1.“阵列”命令的启动方式有哪些？
2. 矩形阵列，应用“阵列”命令，将图 3-3 的（a）图编辑成（b）图。

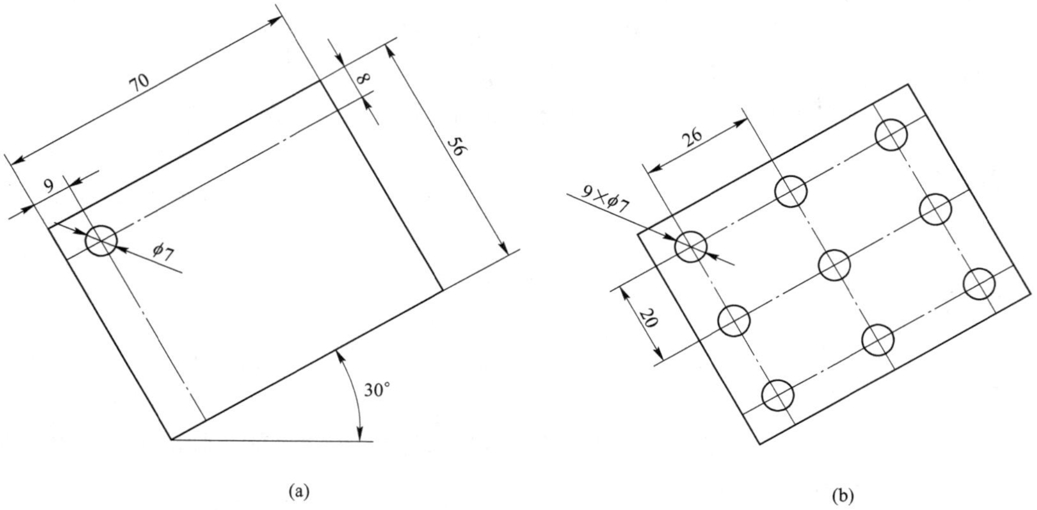

图 3-3 矩形“阵列”

3. 环形阵列，应用“阵列”命令，将图 3-4 的（a）图编辑成（b）图。

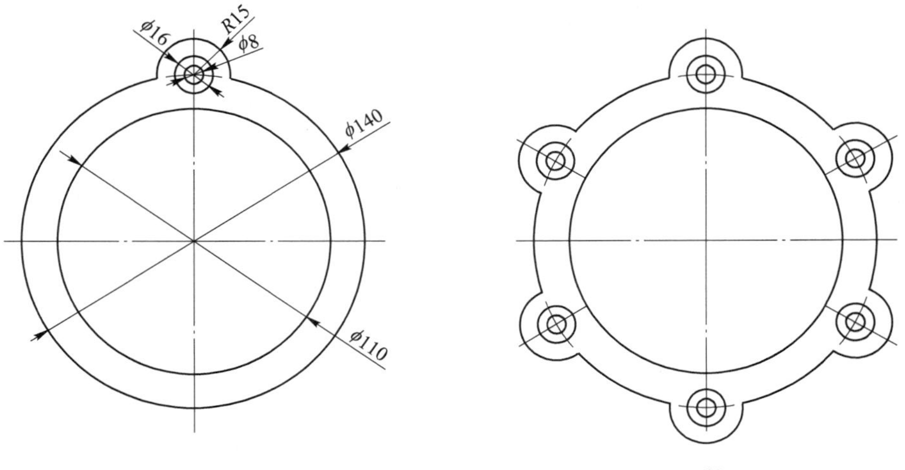

(a)　　(b)

图 3-4　环形“阵列”

三、复制

“复制”命令可以从原对象以指定的角度和方向创建对象的副本。

1.“复制”命令的启动方式有哪些?

2.“复制”命令选项如下：

（1）在屏幕上指定两个点，这两点的距离和方向代表了实体移动的距离和方向。当 AutoCAD 提示“指定基点”时，指定移动的基准点。在 AutoCAD 提示“指定第二个点”时，捕捉第二点或输入第二点相对于基准点的相对直角坐标或极坐标。

（2）以“X，Y”方式输入对象沿 *X*、*Y* 轴移动的距离，或用“距离<角度”方式输入对象位移的距离和方向。当 AutoCAD 提示“指定基点”时，输入位移值。在 AutoCAD 提示“指定第二个点”时，按 Enter 键确认，这样 AutoCAD 就以输入的位移值来移动图形对象。

（3）打开正交或极轴追踪功能，就能方便地将实体只沿 *X* 或 *Y* 轴方向移动。当 AutoCAD 提示“指定基点”时，单击一点并把实体向水平或竖直方向移动，然后输入位移的数值。

（4）使用“位移（D）”选项。启动该选项后，AutoCAD 提示“指定位移”，此时，以“X，Y”方式输入对象沿 *X*、*Y* 轴移动的距离，或者以“距离<角度”方式输入对象位移的距离和方向。

3. 应用“复制”命令将对象移到指定位置，将图 3-5 的（a）图编辑成（b）图。

四、缩放

“缩放”命令可以将对象按指定的比例因子相对于基点放大或缩小，也可以把对象缩放到指定的尺寸。

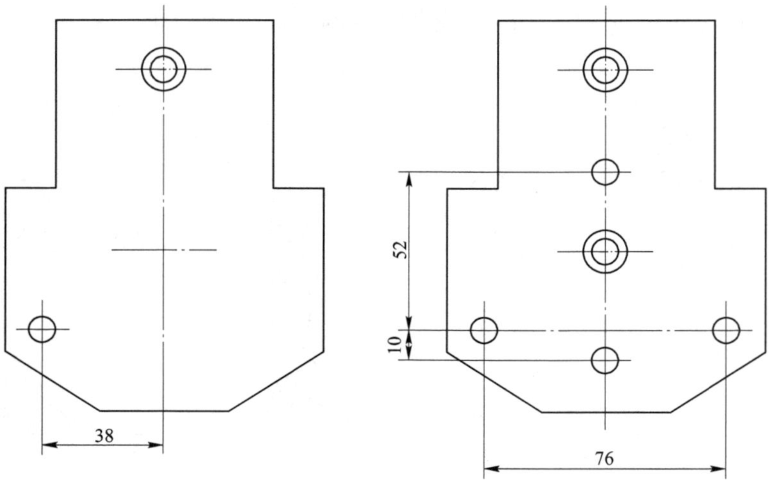

图 3-5 按指定位置“复制”

1.“缩放”命令的启动方式有哪些？

2.“直线”命令选项如下：

(1) 指定比例因子：直接输入缩放比例因子，AutoCAD 根据此比例因子缩放图形。若比例因子小于 1，则缩小对象；否则，放大对象。

(2) 复制（C)：缩放对象的同时复制对象。

(3) 参照（R)：以参照方式缩放图形。用户输入参考长度及新长度，AutoCAD 把新长度与参考长度的比值作为缩放比例因子进行缩放。

(4) 点（P)：使用两点来定义新的长度。

3. 应用“缩放”命令将图 3-6 的（a）图编辑成（b）图。

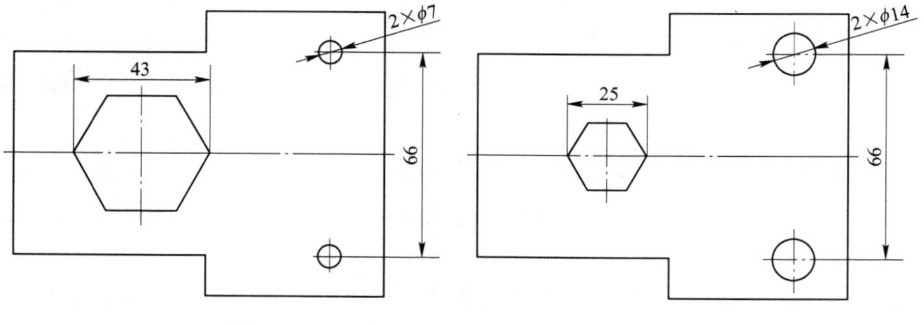

图 3-6 “缩放”命令

五、“水平”标注样式

直径和半径的标注，当数字是水平摆放时，需设置“水平”标注样式。

1.“标注样式”命令的启动方式有哪些？

2. 设置“水平”标注样式。在“国标标注”的基础上新建“国标标注-水平”，修改文字对齐方式为“水平”，如图 3-7 所示。

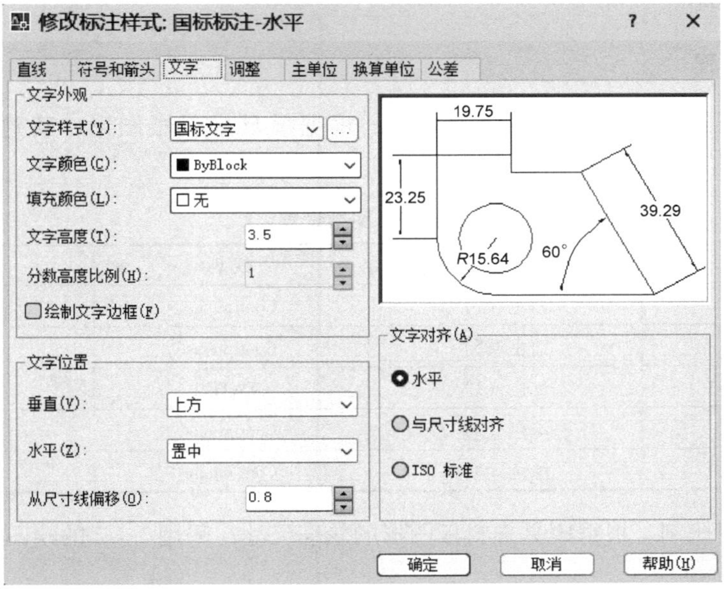

图 3-7　水平标注样式设置

学习活动三　模具推料板二维图的绘制与打印

学习目标

1. 绘制模具推料板图形的图框和标题栏。
2. 根据模具推料板图形所用线型新建图层。
3. 正确应用“矩形”“偏移”“阵列”“复制”“缩放”等命令绘制图形。
4. 正确设置水平标注样式，并应用“线性”标注命令正确合理标注尺寸。
5. 正确应用“快速引线”命令绘制带箭头的标注。
6. 正确完成公差、基准和表面粗糙度符号的标注。
7. 正确应用“多行文字”命令标注模具推料板图纸中的技术要求。
8. 正确完成图纸打印的设置，并能打印模具推料板二维图纸。

建议学时

4 学时

学习过程

一、绘图准备

工具：AutoCAD 绘图软件。

材料：模具推料板图形。
设备：计算机、打印机。
资料：工作页。

二、绘图过程

1. 新建图层。启动 AutoCAD 绘图软件，根据模具推料板图形，新建五个图层，见表 3-2。

表 3-2 图层设置

图层名称	颜色	线型	线宽
粗实线层	白色（7）	Continuous	0. 5 mm
细实线层	蓝色（5）	Continuous	0. 25 mm
中心线层	红色（1）	CENTER	0. 25 mm
尺寸线层	绿色（3）	Continuous	0. 25 mm
文字层	绿色（3）	Continuous	0. 25 mm

2. 确定绘图比例。根据模具推料板图形的轮廓尺寸，采用 1∶2 的绘图比例绘制在 A4 图纸上。

3. 绘制图框和标题栏。绘制 A4 图框和标题栏。

4. 绘制主视图外轮廓。将粗实线层设置为当前图层，利用“矩形”命令绘制主视图外轮廓，如图 3-8 所示。

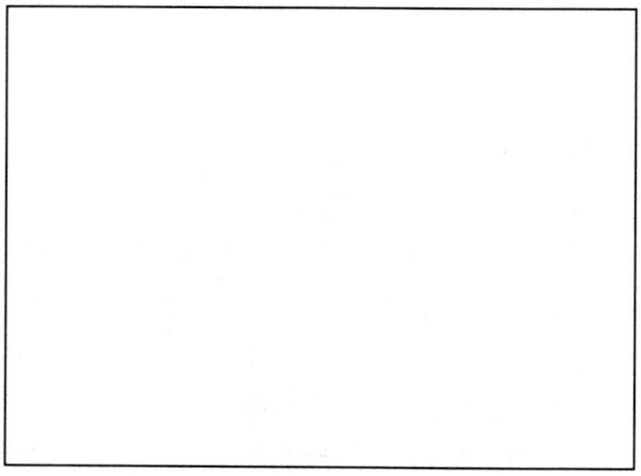

图 3-8 主视图外轮廓

5. 绘制中心线。将中心线层设置为当前图层，应用“直线”“圆”“偏移”“打断”等命令绘制主视图中心线，如图 3-9 所示。

6. 将粗实线层设置为当前图层，绘制主视图中的销孔、螺纹孔、沉孔各一个，如图 3-10 所示。

7. 应用“阵列”命令，将沉孔进行矩形阵列，如图 3-11 所示。

8. 应用“阵列”命令，将螺纹孔进行环形阵列，如图 3-12 所示。

9. 应用“镜像”命令，将销孔进行镜像，如图 3-13 所示。

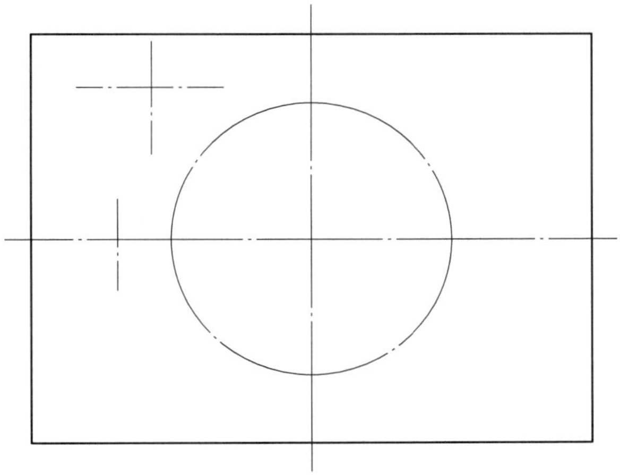

图 3-9　绘制中心线

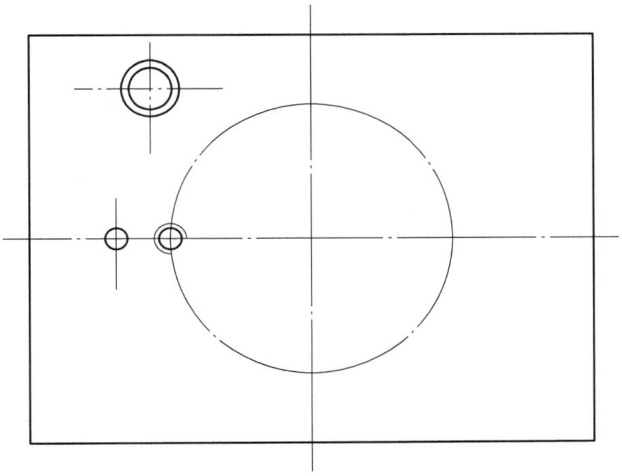

图 3-10　绘制孔

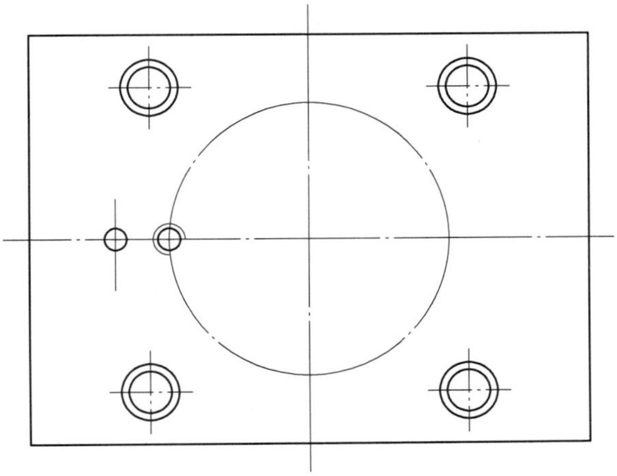

图 3-11　沉孔矩形阵列

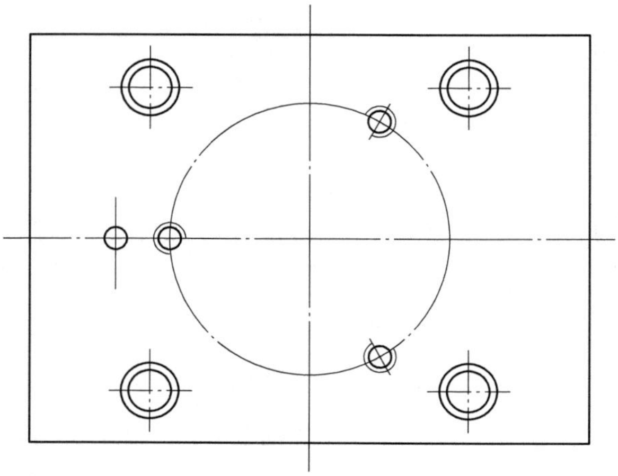

图 3-12 螺纹孔环形阵列

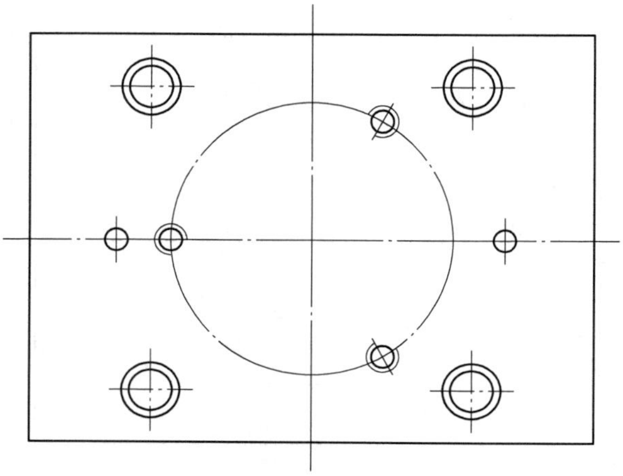

图 3-13 镜像销孔

10. 应用“圆”命令，完成主视图图形绘制，如图 3-14 所示。

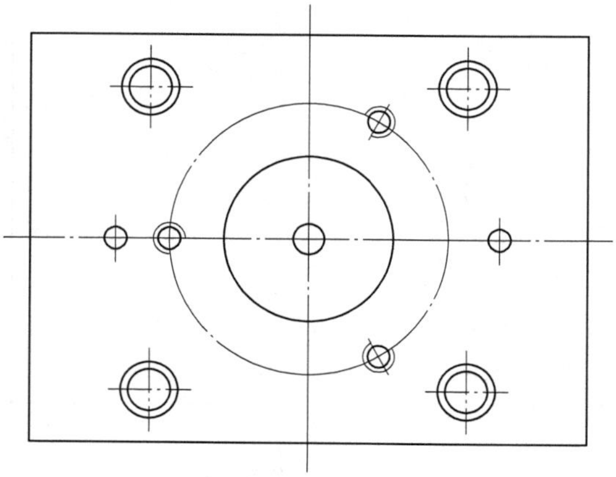

图 3-14 完成主视图图形

11. 绘制俯视图外轮廓。将粗实线层设置为当前图层，利用“矩形”命令绘制俯视图外轮廓，如图 3-15 所示。

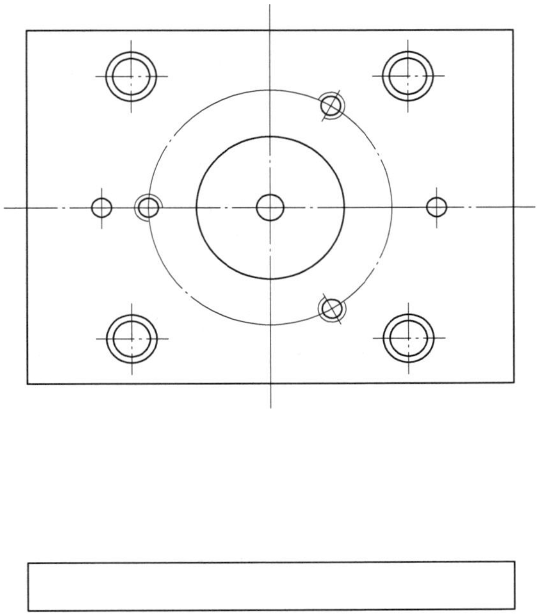

图 3-15　绘制俯视图轮廓

12. 应用“复制”命令，将主视图中的孔结构复制到俯视图中，如图 3-16 所示。

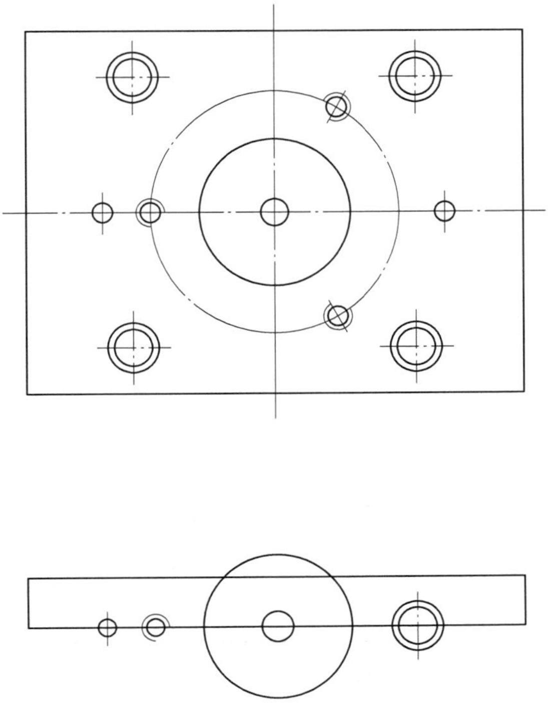

图 3-16　复制主视图中的孔到俯视图

13. 应用“直线”“镜像”等命令，完成俯视图中各种孔结构的绘制，如图 3-17 所示。

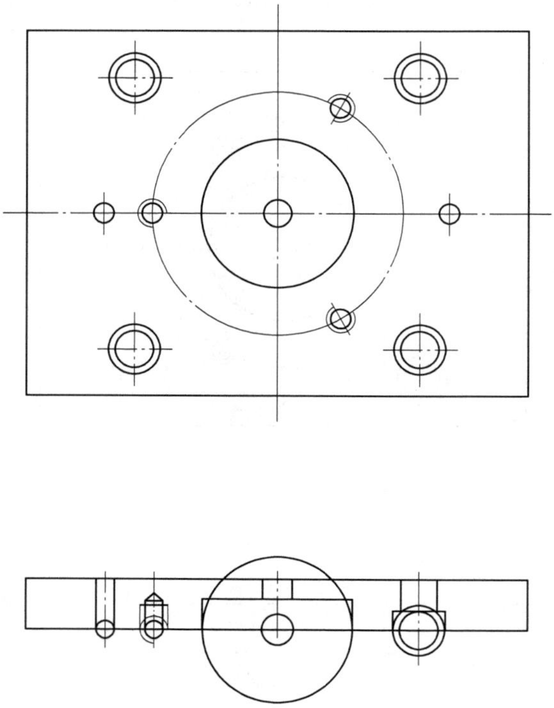

图 3-17 绘制俯视图的孔结构

14. 应用“删除”“图案填充”等命令，完成模具推料板的图形绘制，如图 3-18 所示。

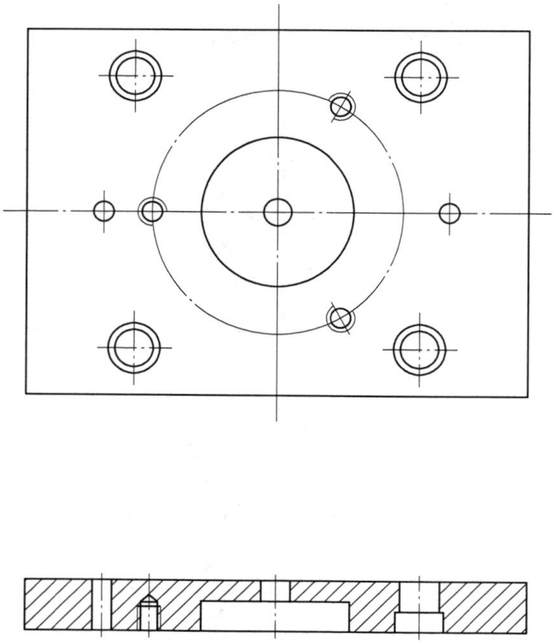

图 3-18 完成模具推料板图形绘制

15. 应用“缩放”命令将模具推料板图形按 0. 5 倍缩放，并在“国标标注”的标注样式上新建“1∶2 国标标注”，修改主单位的比例因子为 2。将此标注样式置为当前，并进行标注，如图 3-19 所示。

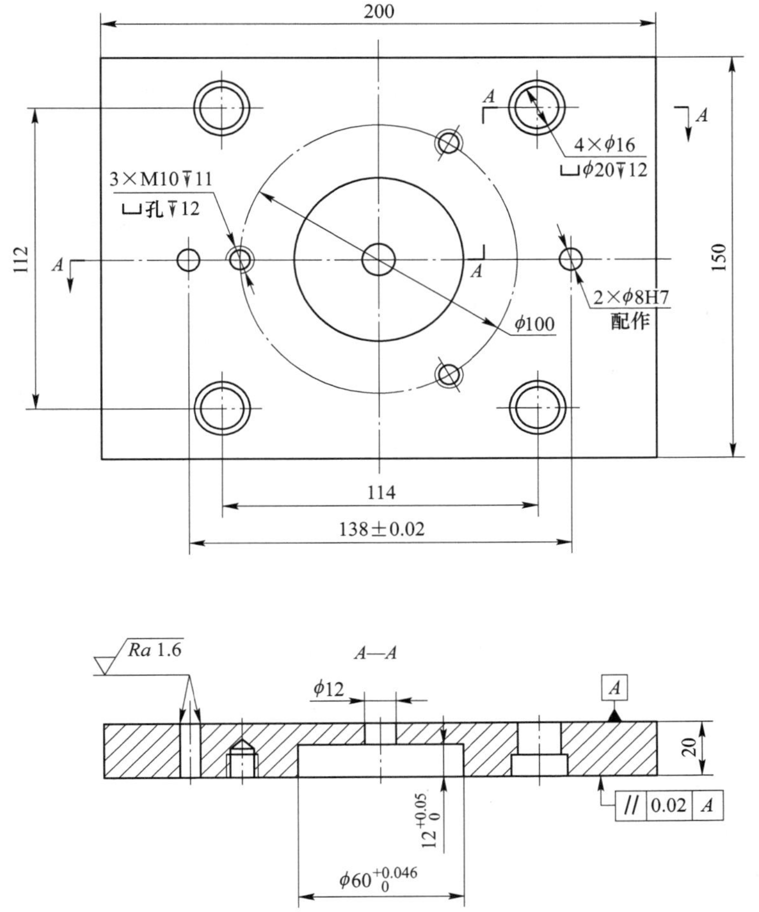

图 3-19　完成模具推料板的标注

16. 完成模具推料板图纸。应用“多行文字”等命令书写技术要求完成模具推料板图纸，如图 3-20 所示。

17. 保存文件。将绘制的模具推料板二维图保存到指定位置。

三、打印图形

设置 AutoCAD 软件的打印参数，完成模具推料板图纸的打印，以便后续质量检测和问题分析使用。

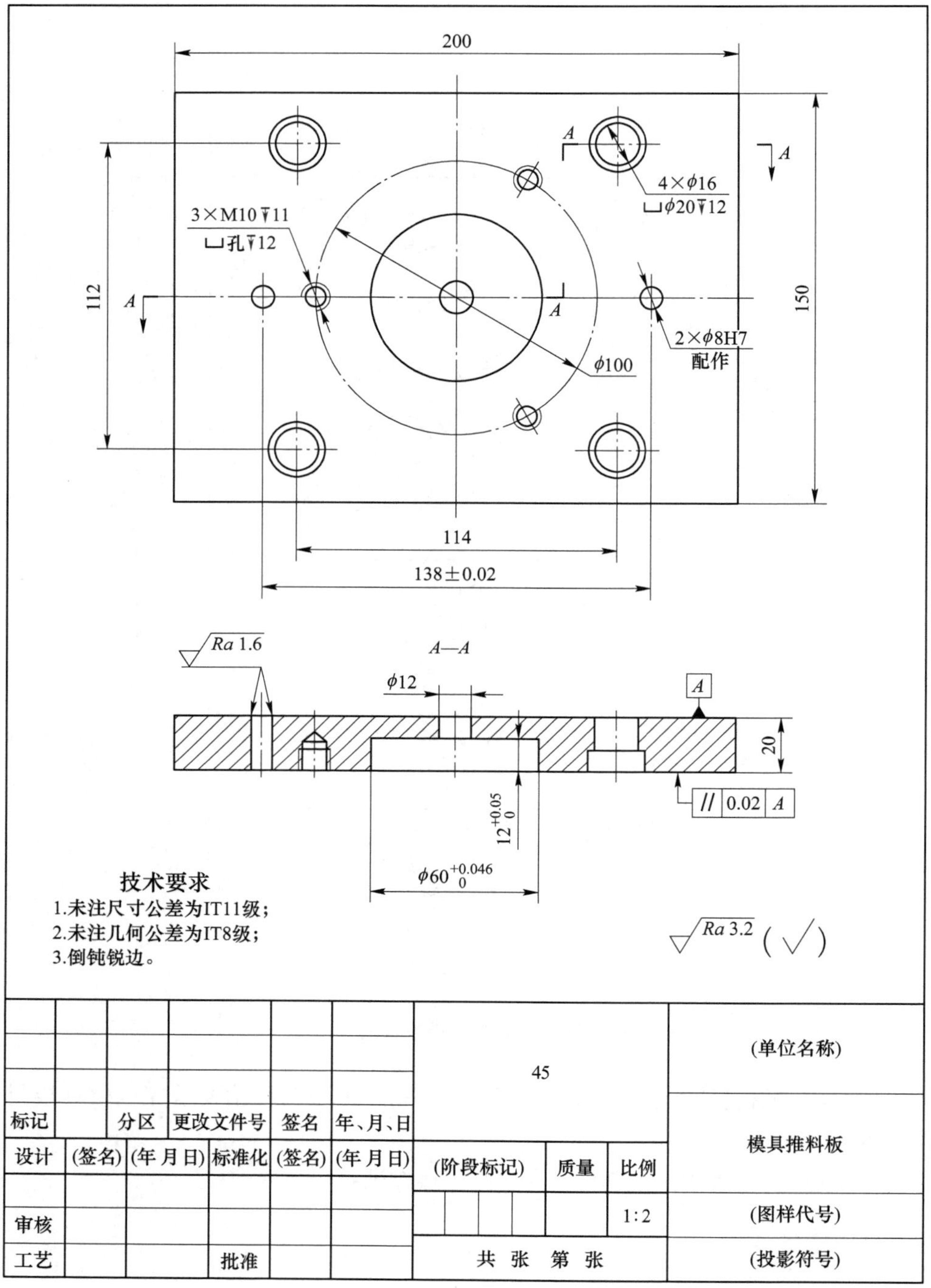

图 3-20 完成模具推料板图纸

学习活动四 图纸质量检测与问题分析

学习目标

1. 判断图幅大小是否合适，标题栏填写是否规范。
2. 判断图层设置及图形线型使用是否正确。
3. 判断模具推料板图形布图是否合理。
4. 判断模具推料板图形是否完整。
5. 判断尺寸标注是否清晰、合理及完整。
6. 判断尺寸公差标注是否正确。
7. 判断几何公差及基准符号标注是否正确。
8. 判断表面粗糙度符号标注是否正确。
9. 判断所标注剖面符号及标注是否正确。
10. 判断所标注的文字部分的技术要求书写是否规范。
11. 根据发现的问题，分析原因并修改。

建议学时

2 学时

学习过程

一、图纸质量检测

组内成员互相检查并记录检测结果，记录在表 3-3 中。

表 3-3 图纸质量检测项目及检测结果

序号	绘图要求	检测结果
1	图幅、标题栏及图层合理、正确	
2	文字样式、标注样式设置正确	
3	平面图形布局合理	
4	平面图形绘制完整、正确	
5	尺寸标注完整、正确	
6	几何公差及基准符号标注正确	
7	表面粗糙度符号标注正确	
8	剖面符号及标注正确	
9	技术要求书写规范	
10	线型和标注与图形的比例合理	

二、问题分析

根据表 3-3 检测出的问题进行分析，记录在表 3-4 中。

表 3-4 问题类型、产生原因及改进措施

问题类型	产生原因	改进措施

三、修改图纸

按照图纸检测结果修改图纸并保存。

四、打印图形

打印一张模具推料板图纸，上交技术主管进行审核。审核合格后，打印所需数量的图纸，上交技术主管，并认真填写任务记录单。

学习活动五 成果展示与评价考核

学习目标

1. 展示工作成果，并介绍自己的绘图方法。
2. 分析本次任务中出现的问题并分享改进措施。
3. 解答其他组同学的提问。
4. 公平、公正、合理地自我评价及对他人评价。
5. 自律、自省、交流、合作，有良好的职业素养。

建议学时

2 学时

学习过程

一、个人评价

按表 3-5 中的评分标准进行自我评价。

表 3-5　自我评价表

学习任务名称：　　　　姓名：　　　　学号：

项目	序号	评价内容	评分标准			得分
			很好	一般	较差	
图形绘制（50%）	1	图幅、标题栏及图层合理、正确	5~4	3~2	1~0	
	2	文字样式、标注样式设置正确	5~4	3~2	1~0	
	3	平面图形布局合理	5~4	3~2	1~0	
	4	平面图形绘制完整、正确	5~4	3~2	1~0	
	5	尺寸标注完整、正确	5~4	3~2	1~0	
	6	几何公差及基准符号标注正确	5~4	3~2	1~0	
	7	表面粗糙度符号标注正确	5~4	3~2	1~0	
	8	剖面符号及标注正确	5~4	3~2	1~0	
	9	技术要求书写规范	5~4	3~2	1~0	
	10	线型和标注与图形的比例合理	5~4	3~2	1~0	
软件操作（25%）	11	AutoCAD 软件绘图环境设置	5~4	3~2	1~0	
	12	AutoCAD 软件操作正确	5~4	3~2	1~0	
	13	AutoCAD 绘图命令执行方法正确	5~4	3~2	1~0	
	14	AutoCAD 快捷键的掌握	5~4	3~2	1~0	
	15	图形绘制方法正确	5~4	3~2	1~0	
职业素养（25%）	16	操作规范，遵守纪律	5~4	3~2	1~0	
	17	认真细致，精益求精	5~4	3~2	1~0	
	18	自主学习，解决问题	5~4	3~2	1~0	
	19	合作创新，团队精神	5~4	3~2	1~0	
	20	遵守 7S 管理制度	5~4	3~2	1~0	
总得分						

二、小组评价

将小组评价得分填入表 3-6。

表 3-6　小组评价表

学习任务名称：　　　　组名：　　　　汇报人：

序号	评价内容	评分标准			得分
		很好	一般	稍差	
1	汇报的图形是否符合机械制图标准	10~9	8~6	5~1	
2	介绍成果是否表达清晰	10~9	8~6	5~1	

续表 3-6

序号	评价内容	评分标准			得分
		很好	一般	稍差	
3	介绍的绘图方法是否正确	10~9	8~6	5~1	
4	汇报成果专业术语是否表达正确	10~9	8~6	5~1	
5	汇报成果说话是否逻辑正确	10~9	8~6	5~1	
6	汇报人解答他组提问是否正确	10~9	8~6	5~1	
7	团队合作创新精神	10~9	8~6	5~1	
8	7S 工作要求	10~9	8~6	5~1	
9	计算机、打印机保养	10~9	8~6	5~1	
10	汇报展示的方式是否新颖（利用多媒体等手段）	10~9	8~6	5~1	
总评分					

三、教师评价

将教师评价得分填入表 3-7。

表 3-7 教师评价表

学习任务名称： 学生姓名： 学号：

序号	评价内容	评分标准			得分
		很好	一般	稍差	
1	成果质量	10~9	8~6	5~1	
2	服从管理	10~9	8~6	5~1	
3	协作精神	10~9	8~6	5~1	
4	规范意识	10~9	8~6	5~1	
5	纪律观念	10~9	8~6	5~1	
6	勇于表达	10~9	8~6	5~1	
7	质量意识	10~9	8~6	5~1	
8	工作态度	10~9	8~6	5~1	
9	反思总结	10~9	8~6	5~1	
10	自律自控	10~9	8~6	5~1	
总评分					

四、工作总结

1. 在完成任务三的工作过程中，你学到了哪些知识和技能？
2. 写一下任务三的工作总结（心得体会）。

五、学习任务三过程性考核

将本次任务的考核得分填入表 3-8。

表 3-8 学习任务三 过程性考核得分表

班级		小组		姓名		学号	
项目		自我评价		小组评价		教师评价	
单项得分							
占比		占总评 20%		占总评 30%		占总评 50%	
占比得分							
总得分							

任课教师：　　　　　　　　　年　月　日

拓展任务

端盖二维图的绘制

一、工作情境描述

企业设计部接到一项任务：根据提供的端盖纸质图样（见图 3-21），用 AutoCAD 软件抄画图形。技术主管将抄画任务分配给绘图员，让他根据机械制图标准，应用 AutoCAD 软件抄画出端盖二维图，保存电子图形并打印出来。

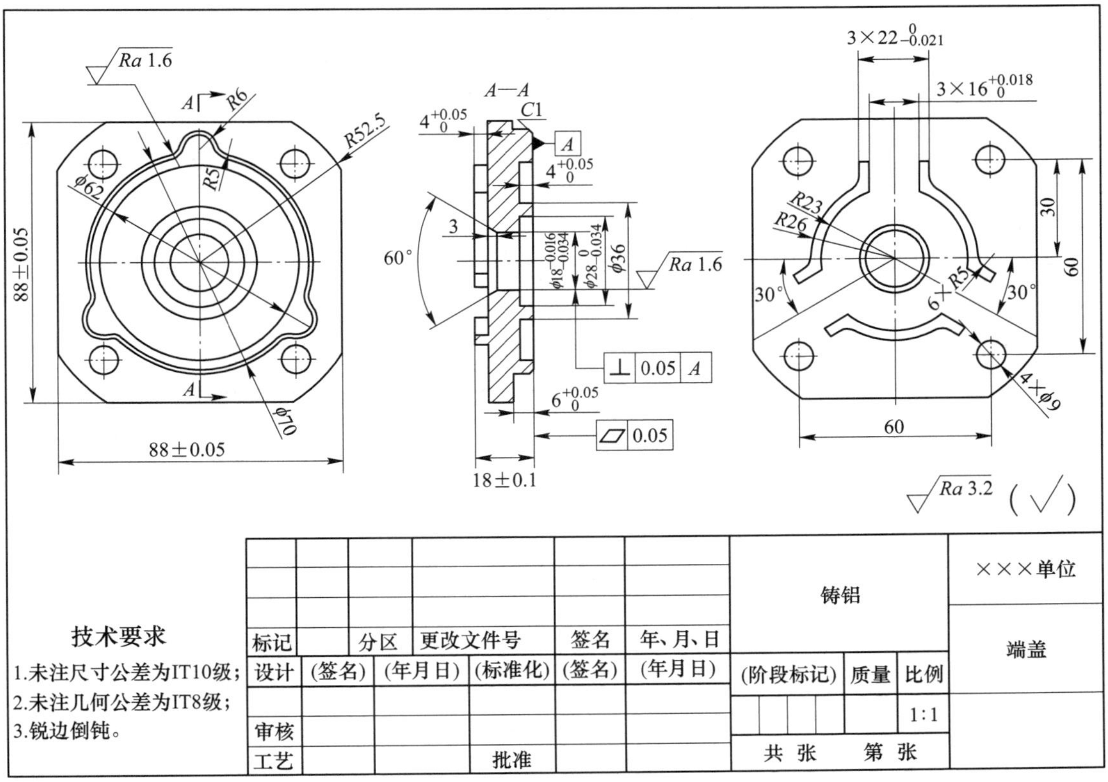

图 3-21 端盖图纸

二、评分标准

按表 3-9 中的评分标准进行自我评价。

表 3-9 端盖图纸绘制评分表

项目	序号	评价内容	评分标准			得分
			很好	一般	较差	
图形绘制（50%）	1	图幅、标题栏及图层合理、正确	5~4	3~2	1~0	
	2	文字样式、标注样式设置正确	5~4	3~2	1~0	
	3	平面图形布局合理	5~4	3~2	1~0	
	4	平面图形绘制完整、正确	5~4	3~2	1~0	
	5	尺寸标注完整、正确	5~4	3~2	1~0	
	6	几何公差及基准符号标注正确	5~4	3~2	1~0	
	7	表面粗糙度符号标注正确	5~4	3~2	1~0	
	8	剖面符号及标注正确	5~4	3~2	1~0	
	9	技术要求书写规范	5~4	3~2	1~0	
	10	线型和标注与图形的比例合理	5~4	3~2	1~0	
软件操作（25%）	11	AutoCAD 软件绘图环境设置	5~4	3~2	1~0	
	12	AutoCAD 软件操作正确	5~4	3~2	1~0	
	13	AutoCAD 绘图命令执行方法正确	5~4	3~2	1~0	
	14	AutoCAD 快捷键的掌握	5~4	3~2	1~0	
	15	图形绘制方法正确	5~4	3~2	1~0	
职业素养（25%）	16	操作规范，遵守纪律	5~4	3~2	1~0	
	17	认真细致，精益求精	5~4	3~2	1~0	
	18	自主学习，解决问题	5~4	3~2	1~0	
	19	合作创新，团队精神	5~4	3~2	1~0	
	20	遵守 7S 管理制度	5~4	3~2	1~0	
总得分						

学习任务四　齿轮二维图的绘制

· 学习目标

1. 识读标题栏，了解齿轮的材料、比例。
2. 识读齿轮图纸，确定齿轮的结构形状、尺寸、几何公差和表面质量要求。
3. 识读技术要求，确定齿轮的未注尺寸要求。
4. 独立完成图层、线型、文字样式、标注样式等内容的设置。
5. 根据齿轮的结构，确定绘图步骤。
6. 绘制齿轮图形的图框和标题栏。
7. 应用“直线”“圆”“构造线”“样条曲线”“图案填充”“镜像”等命令绘制齿轮二维图。
8. 完成齿轮图纸的尺寸标注，以及尺寸公差、几何公差、基准符号、表面粗糙度符号等技术要求的标注。
9. 正确完成图纸打印的设置，并打印出齿轮图纸。
10. 检测图纸质量，并对发现的问题进行修改。
11. 对自己所完成的工作成果进行展示，并进行分析说明。
12. 按“7S”管理要求对学习工作站进行正确的使用、维护和保养。
13. 服从安排，具备从业人员的责任感、团队沟通合作等职业素养。

· 建议学时

12 学时

· 工作情境描述

企业设计部接到一项任务：根据提供的齿轮零件纸质图样（见图 4-1），用 AutoCAD 软件抄画图形。技术主管将抄画任务分配给绘图员，让他根据机械制图标准，应用 AutoCAD 软件抄画出齿轮图形，保存电子图形并打印出来。

· 工作流程与活动

1. 齿轮二维图形的分析（2 学时）。
2. AutoCAD 软件的基本操作（2 学时）。
3. 齿轮二维图的绘制与打印（4 学时）。
4. 图纸质量检测及问题分析（2 学时）。
5. 成果展示与评价考核（2 学时）。

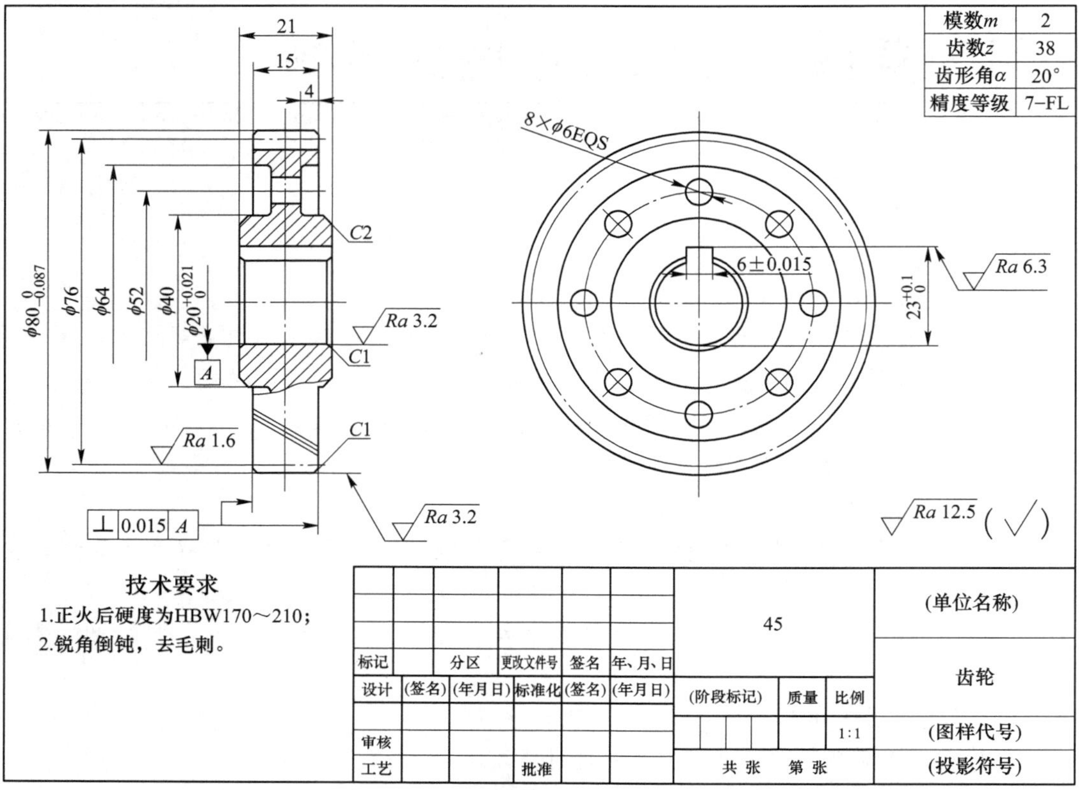

图 4-1 齿轮图形

学习活动一 齿轮二维图形的分析

学习目标

1. 识读标题栏，了解齿轮的材料、比例。

2. 识读齿轮的主视图和左视图，确定齿轮的结构形状、尺寸、几何公差和表面粗糙度等要求。

3. 识读技术要求，确定齿轮的未注尺寸要求。

4. 识读齿轮图形，确定图幅、图层、线型、文字样式、标注样式等内容的设置。

5. 根据齿轮的结构，确定绘图方法和步骤。

6. 根据齿轮参数计算出齿轮齿根圆直径。

7. 与技术主管沟通，确定绘制齿轮图形所用到的 AutoCAD 命令。

建议学时

2 学时

学习过程

一、接受任务

听技术主管描述本次绘图任务，正确填写任务记录单（见表 4-1）。

表 4-1　任务记录单

部门名称				出图数量	
任务名称				预交付时间	年　月　日
下单人		年　月　日	接单人		年　月　日
制图		年　月　日	审核		年　月　日
批准		年　月　日	交付人		年　月　日

二、识读齿轮图形

1. 齿轮是由什么材料制造的？采用的比例是多少？
2. 齿轮图形采用几个视图来表达？采用了什么表达方法？
3. 齿轮的形状和结构都有哪些？
4. 判断齿轮的类型？
5. 未注尺寸的齿根圆直径如何计算？
6. 齿轮图纸中标注的 $8\times\phi6$EQS 是什么意思？
7. 齿轮哪些位置有几何公差要求？其含义是什么？
8. 齿轮表面结构要求最高的地方是哪里？其表面粗糙度为多少？
9. 齿轮图纸文字部分的技术要求有哪些？

三、确定绘图方案

1. 绘制齿轮图形采用何种图纸幅面？
2. 绘制齿轮图形需要建立哪几个图层？
3. 如何绘制齿轮的斜齿特征？
4. 齿轮轮毂中的孔有什么规律，可以采用什么命令绘制？
5. 尺寸标注不完整时，该如何标注？
6. 简述绘制齿轮图形的步骤。
7. 与技术主管沟通，确定绘制齿轮图形所用到的 AutoCAD 命令。

学习活动二　AutoCAD 软件的基本操作

学习目标

1. 应用“分解”命令，将复杂对象分解成基本图形对象。
2. 应用“样条曲线”命令绘制波浪线。
3. 应用“合并”命令将多个对象合并为一个对象。
4. 应用“构造线”命令绘制任意角度斜线。

5. 按“7S”管理要求对学习工作站进行正确的使用、维护和保养。

建议学时

2 学时

学习过程

一、分解

“分解”命令可以将多线、多段线、标注、块、面域等复杂对象分解成 AutoCAD 基本图形对象。

1.“分解”命令的启动方式有哪些?

2. 应用“分解”命令将图 4-2 所示的“图案填充”和“尺寸标注”对象分解为独立对象。

二、样条曲线

“样条曲线”是一种通过或接近指定点的拟合曲线，它通过起点、控制点、终点及偏差变量来控制曲线，一般用于表达具有不规律变化曲率半径的曲线。

1.“样条曲线”命令的启动方式有哪些?

2. 应用“样条曲线”命令绘制图 4-3 所示的图形。尺寸任意，形似即可。

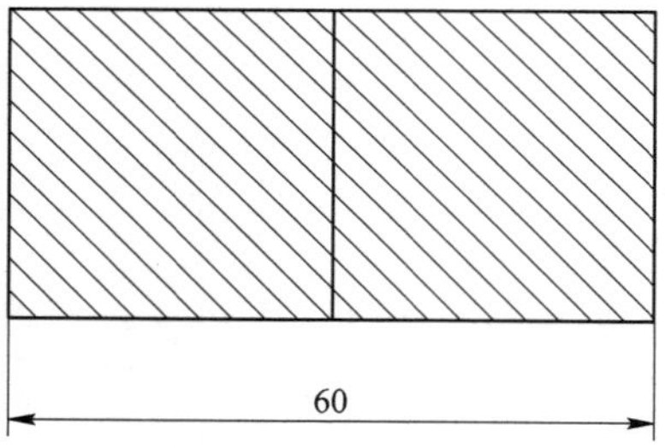

图 4-2 “分解”命令

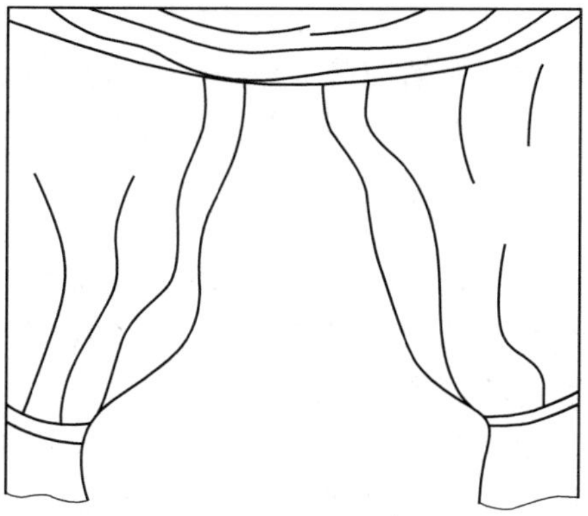

图 4-3 “样条曲线”命令

三、合并

“合并”命令将一系列直线、圆弧和多段线合并为单个对象。

1.“合并”命令的启动方式有哪些?

2. 应用“合并”命令，将图 4-4 的（a）图编辑成（b）图。

四、构造线

“构造线”是 AutoCAD 软件中常用的辅助线，两端无限延伸的直线，利用它能直接绘出水平方向、竖直方向及倾斜方向的直线。作图过程中采用此命令绘制定位线或绘图辅助

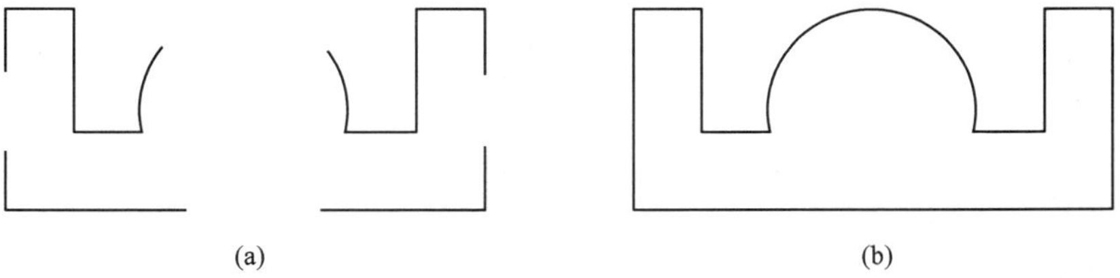

图 4-4　“合并”命令

线是很方便的。

1.“构造线”命令的启动方式有哪些？

2.“构造线”命令选项如下：

（1）水平（H）：绘制水平方向直线。

（2）垂直（V）：绘制竖直方向直线。

（3）角度（A）：通过某点绘制一条与已知直线成一定角度的直线。

（4）二等分（B）：绘制一条平分已知角度的直线。

（5）偏移（O）：可输入一个偏移距离来绘制平行线，或者指定直线通过的点来创建新平行线。

3. 应用“构造线”和“直线”命令绘制图 4-5 所示的图形。

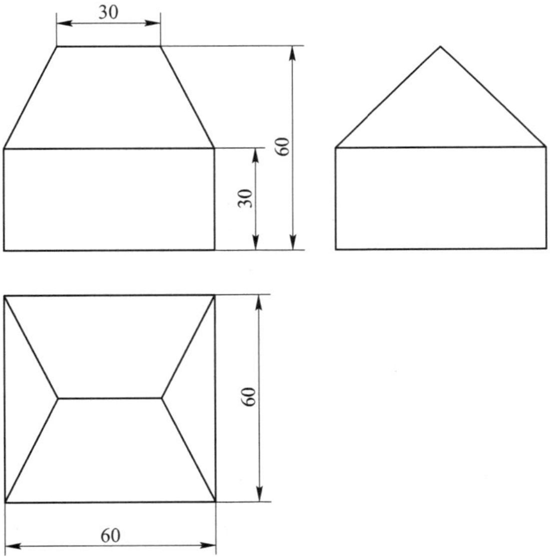

图 4-5　“构造线”命令

学习活动三　齿轮二维图的绘制与打印

学习目标

1. 绘制齿轮图形的图框和标题栏。

2. 根据齿轮图形所用线型新建图层。

3. 正确应用“圆”“直线”“阵列”“圆角”“样条曲线”“构造线”等命令绘制齿轮图形。

4. 正确设置合理的标注样式，并应用标注命令正确合理标注尺寸。

5. 正确应用“分解”和“打断”命令绘制不完整的标注。

6. 正确完成公差、基准和表面粗糙度符号的标注。

7. 正确应用“多行文字”命令标注齿轮图纸中的技术要求。

8. 正确完成图纸打印的设置，并能打印齿轮二维图纸。

建议学时

4 学时

学习过程

一、绘图准备

工具：AutoCAD 绘图软件。
材料：齿轮图形。
设备：计算机、打印机。
资料：工作页。

二、绘图过程

1. 新建图层。启动 AutoCAD 绘图软件，根据齿轮图形，新建五个图层，见表 4-2。

表 4-2 图层设置

图层名称	颜色	线型	线宽
粗实线层	白色（7）	Continuous	0. 5 mm
细实线层	蓝色（5）	Continuous	0. 25 mm
中心线层	红色（1）	CENTER	0. 25 mm
尺寸线层	绿色（3）	Continuous	0. 25 mm
文字层	绿色（3）	Continuous	0. 25 mm

2. 确定绘图比例。根据齿轮图形的轮廓尺寸，采用 1∶1 的绘图比例绘制在 A4 图纸上。

3. 绘制 A4 图框和标题栏。

4. 绘制中心线。将中心线层设置为当前图层，应用“直线”命令绘制中心线，如图 4-6 所示。

5. 绘制左视图圆形。将粗实线层设置为当前图层，应用“圆”命令绘制左视图圆形，如图 4-7 所示。

6. 绘制左视图键槽结构。应用“直线”“镜像”等命令绘制左视图键槽结构，如图 4-8 所示。

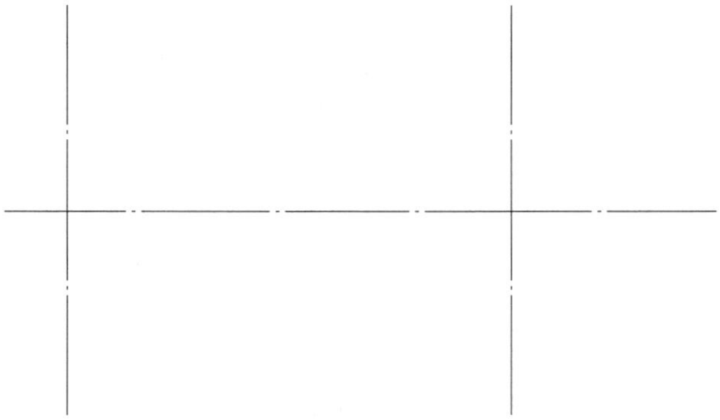

图 4-6　绘制中心线

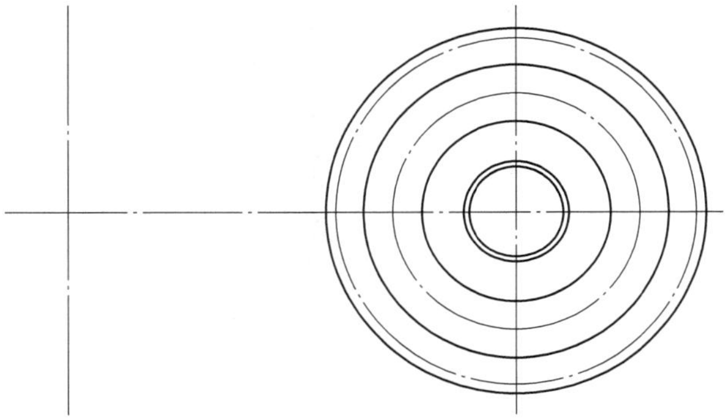

图 4-7　绘制左视图圆形

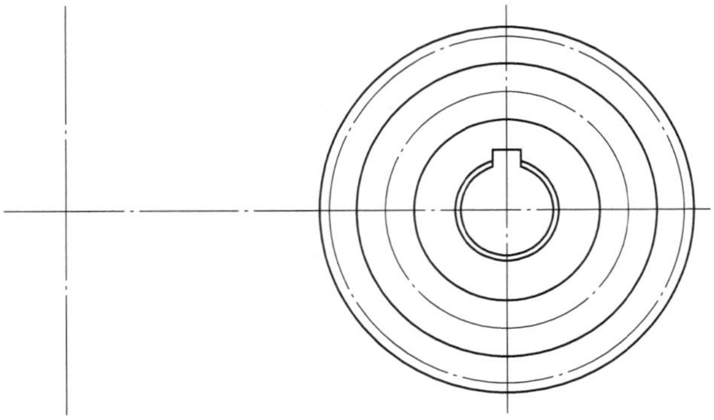

图 4-8　绘制键槽

7. 绘制 8 个均匀分布的孔。应用“圆”“阵列”等命令绘制 8 个均匀分布的孔，如图 4-9 所示。

8. 绘制主视图局部。应用“构造线”“直线”“倒角”“圆角等命令绘制主视图局部，如图 4-10 所示。

9. 镜像主视图局部。应用“镜像”命令镜像主视图局部，如图 4-11 所示。

10. 绘制主视图轴孔及键槽结构。应用“构造线”“直线”“倒角”等命令绘制主视图轴孔及键槽结构，如图 4-12 所示。

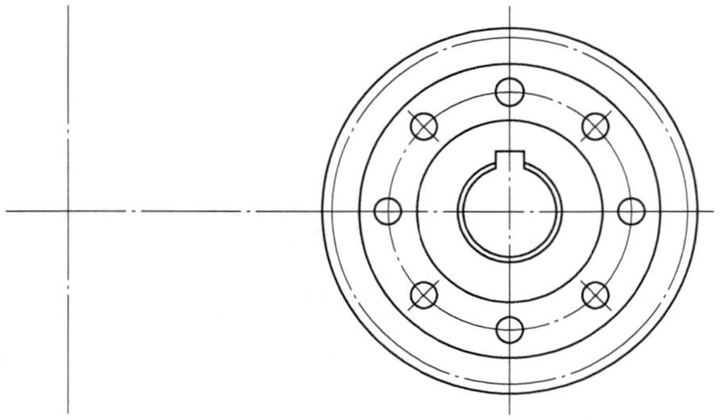

图 4-9 绘制 8 个均匀分布的孔

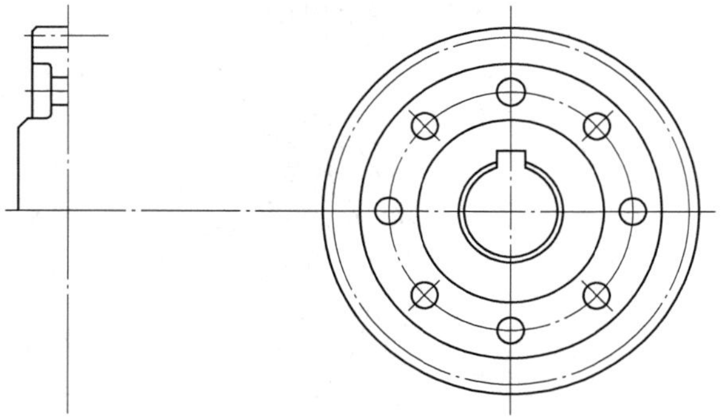

图 4-10 绘制主视图局部

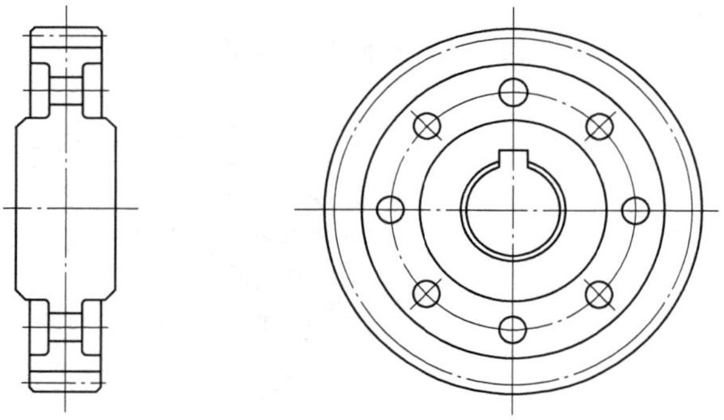

图 4-11 镜像主视图局部

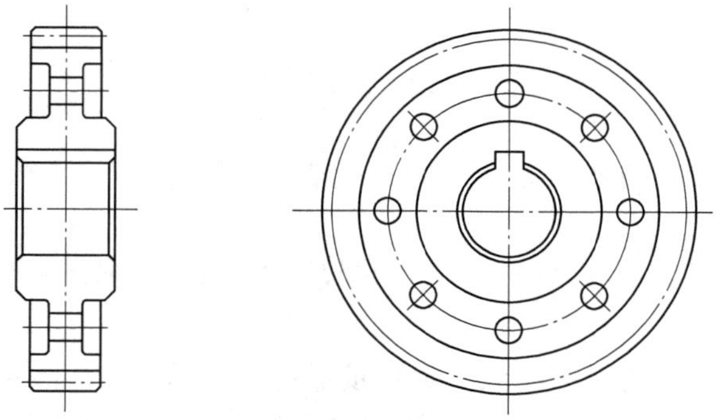

图 4-12 绘制主视图轴孔及键槽结构

11. 绘制局部剖的波浪线并删去多余图线。应用“样条曲线”“修剪”“删除”等命令绘制局部剖视图的波浪线，如图 4-13 所示。

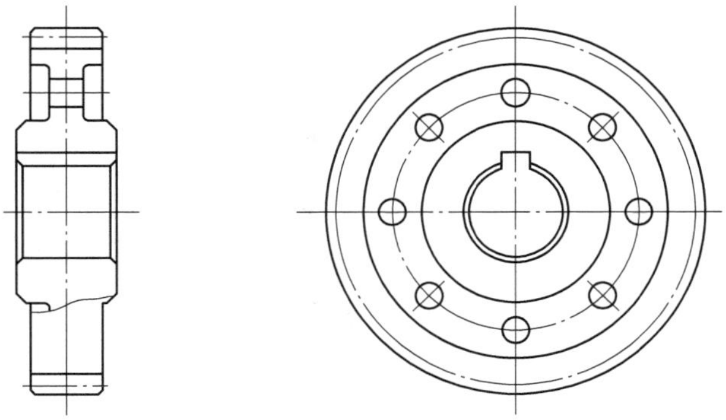

图 4-13　绘制局部剖的波浪线

12. 绘制斜齿轮符号。应用“直线”“阵列”等命令绘制斜齿轮符号，如图 4-14 所示。

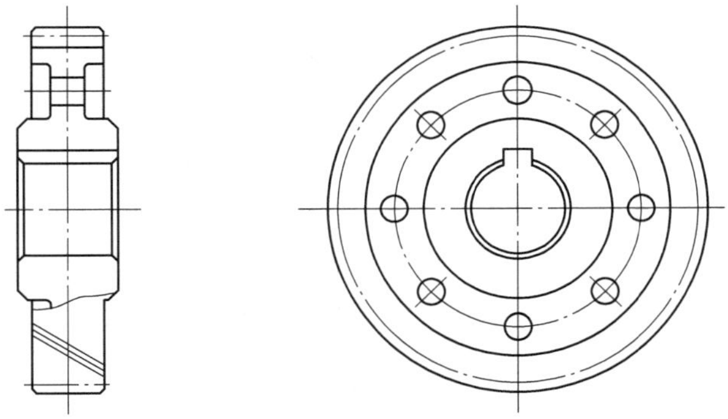

图 4-14　绘制斜齿轮符号

13. 完成主视图局部剖视图的绘制。应用“图案填充”命令完成主视图局部剖的图案填充，如图 4-15 所示。

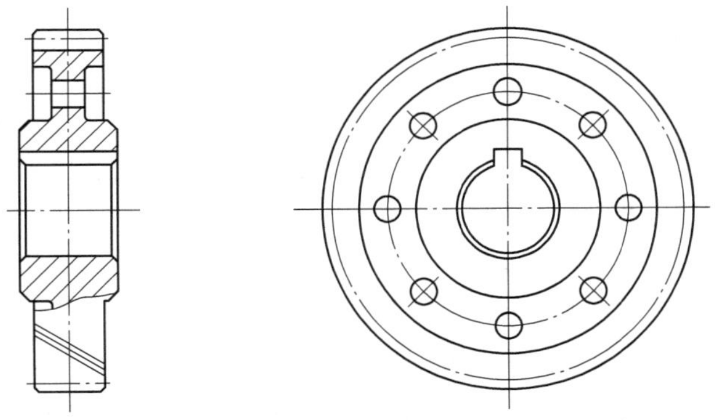

图 4-15　图案填充

14. 完成齿轮图形的标注。应用“标注样式”“标注”“分解”“打断”等命令，完成齿轮图形的标注，如图 4-16 所示。

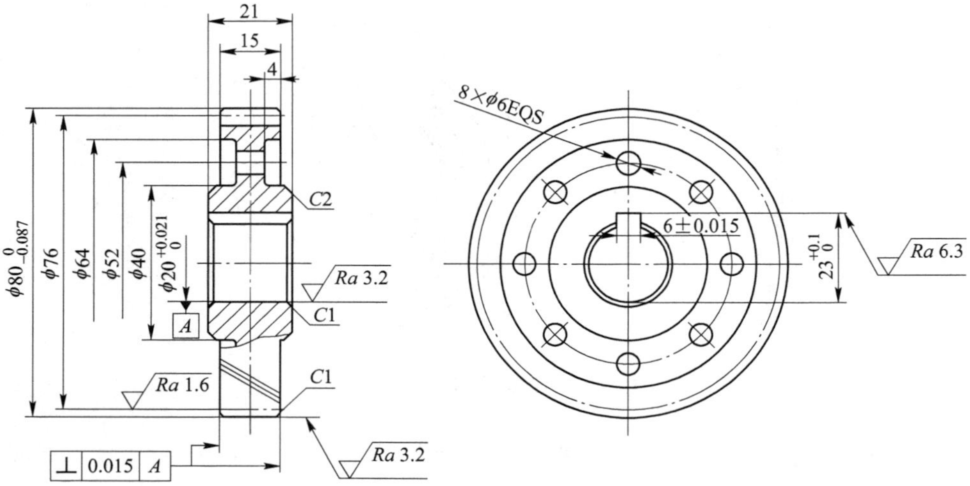

图 4-16 尺寸标注

15. 完成齿轮图纸。应用“多行文字”等命令书写技术要求，以及齿轮参数，完成齿轮图纸，如图 4-17 所示。

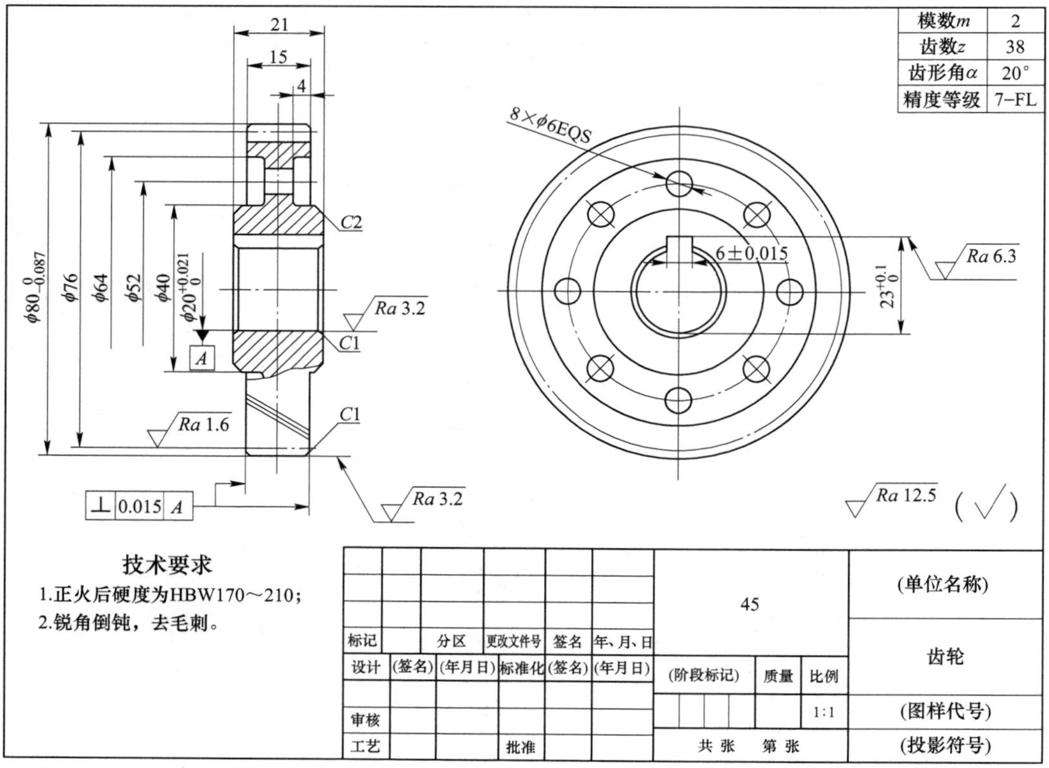

图 4-17 完成齿轮图纸

16. 保存文件。将绘制的齿轮二维图保存到指定位置。

三、打印图形

设置 AutoCAD 软件的打印参数，完成齿轮图纸的打印，以便后续质量检测和问题分析使用。

学习活动四　图纸质量检测与问题分析

学习目标

1. 判断图幅大小是否合适，标题栏填写是否规范。
2. 判断图层设置及图形线型使用是否正确。
3. 判断齿轮图形布图是否合理。
4. 判断齿轮图形是否完整。
5. 判断尺寸标注是否清晰、合理及完整。
6. 判断尺寸公差标注是否正确。
7. 判断几何公差及基准符号标注是否正确。
8. 判断表面粗糙度符号标注是否正确。
9. 判断齿轮参数表及填写是否正确。
10. 判断所标注的文字部分的技术要求书写是否规范。
11. 根据发现的问题，分析原因并修改。

建议学时

2 学时

学习过程

一、图纸质量检测

组内成员互相检查并记录检测结果，记录在表 4-3 中。

表 4-3　图纸质量检测项目及检测结果

序号	绘图要求	检测结果
1	图幅、标题栏及图层合理、正确	
2	文字样式、标注样式设置正确	
3	平面图形布局合理	
4	平面图形绘制完整、正确	
5	尺寸标注完整、正确	
6	几何公差及基准符号标注正确	
7	表面粗糙度符号标注正确	

续表 4-3

序号	绘图要求	检测结果
8	齿轮参数表及填写正确	
9	技术要求书写规范	
10	线型和标注与图形的比例合理	

二、问题分析

根据表 4-3 检测出的问题进行分析，记录在表 4-4 中。

表 4-4 问题类型、产生原因及改进措施

问题类型	产生原因	改进措施

三、修改图纸

按照图纸检测结果修改图纸并保存。

四、打印图形

打印一张齿轮图纸，上交技术主管进行审核。审核合格后，打印所需数量的图纸，上交技术主管，并认真填写任务记录单。

学习活动五 成果展示与评价考核

学习目标

1. 展示工作成果，并介绍自己的绘图方法。
2. 分析本次任务中出现的问题并分享改进措施。
3. 解答其他组同学的提问。

4. 公平、公正、合理地自我评价及对他人评价。
5. 自律、自省、交流、合作，有良好的职业素养。

建议学时

2 学时

学习过程

一、个人评价

按表 4-5 中的评分标准进行自我评价。

表 4-5 自我评价表

学习任务名称： 姓名： 学号：

项目	序号	评价内容	评分标准			得分
			很好	一般	较差	
图形绘制（50%）	1	图幅、标题栏及图层合理、正确	5~4	3~2	1~0	
	2	文字样式、标注样式设置正确	5~4	3~2	1~0	
	3	平面图形布局合理	5~4	3~2	1~0	
	4	平面图形绘制完整、正确	5~4	3~2	1~0	
	5	尺寸标注完整、正确	5~4	3~2	1~0	
	6	几何公差及基准符号标注正确	5~4	3~2	1~0	
	7	表面粗糙度符号标注正确	5~4	3~2	1~0	
	8	齿轮参数表及填写正确	5~4	3~2	1~0	
	9	技术要求书写规范	5~4	3~2	1~0	
	10	线型和标注与图形的比例合理	5~4	3~2	1~0	
软件操作（25%）	11	AutoCAD 软件绘图环境设置	5~4	3~2	1~0	
	12	AutoCAD 软件操作正确	5~4	3~2	1~0	
	13	AutoCAD 绘图命令执行方法正确	5~4	3~2	1~0	
	14	AutoCAD 快捷键的掌握	5~4	3~2	1~0	
	15	图形绘制方法正确	5~4	3~2	1~0	
职业素养（25%）	16	操作规范，遵守纪律	5~4	3~2	1~0	
	17	认真细致，精益求精	5~4	3~2	1~0	
	18	自主学习，解决问题	5~4	3~2	1~0	
	19	合作创新，团队精神	5~4	3~2	1~0	
	20	遵守 7S 管理制度	5~4	3~2	1~0	
总得分						

二、小组评价

将小组评价得分填入表 4-6。

表 4-6 小组评价表

学习任务名称： 组名： 汇报人：

序号	评价内容	评分标准			得分
		很好	一般	稍差	
1	汇报的图形是否符合机械制图标准	10~9	8~6	5~1	
2	介绍成果是否表达清晰	10~9	8~6	5~1	
3	介绍的绘图方法是否正确	10~9	8~6	5~1	
4	汇报成果专业术语是否表达正确	10~9	8~6	5~1	
5	汇报成果说话是否逻辑正确	10~9	8~6	5~1	
6	汇报人解答他组提问是否正确	10~9	8~6	5~1	
7	团队合作创新精神	10~9	8~6	5~1	
8	7S 工作要求	10~9	8~6	5~1	
9	计算机、打印机保养	10~9	8~6	5~1	
10	汇报展示的方式是否新颖（利用多媒体等手段）	10~9	8~6	5~1	
总评分					

三、教师评价

将教师评价得分填入表 4-7。

表 4-7 教师评价表

学习任务名称： 学生姓名： 学号：

序号	评价内容	评分标准			得分
		很好	一般	稍差	
1	成果质量	10~9	8~6	5~1	
2	服从管理	10~9	8~6	5~1	
3	协作精神	10~9	8~6	5~1	
4	规范意识	10~9	8~6	5~1	
5	纪律观念	10~9	8~6	5~1	
6	勇于表达	10~9	8~6	5~1	
7	质量意识	10~9	8~6	5~1	
8	工作态度	10~9	8~6	5~1	
9	反思总结	10~9	8~6	5~1	
10	自律自控	10~9	8~6	5~1	
总评分					

四、工作总结

1. 在完成任务四的工作过程中，你学到了哪些知识和技能？
2. 写一下任务四的工作总结（心得体会）。

五、学习任务四过程性考核

将本次任务的考核得分填入表 4-8。

表 4-8 学习任务四 过程性考核得分表

班级		小组		姓名		学号	
项目		自我评价		小组评价		教师评价	
单项得分							
占比		占总评 20%		占总评 30%		占总评 50%	
占比得分							
总得分							

任课教师： 年 月 日

拓展任务

多联齿轮轴齿坯的绘制

一、工作情境描述

企业设计部接到一项任务：根据提供的多联齿轮轴齿坯纸质图样（见图 4-18），用

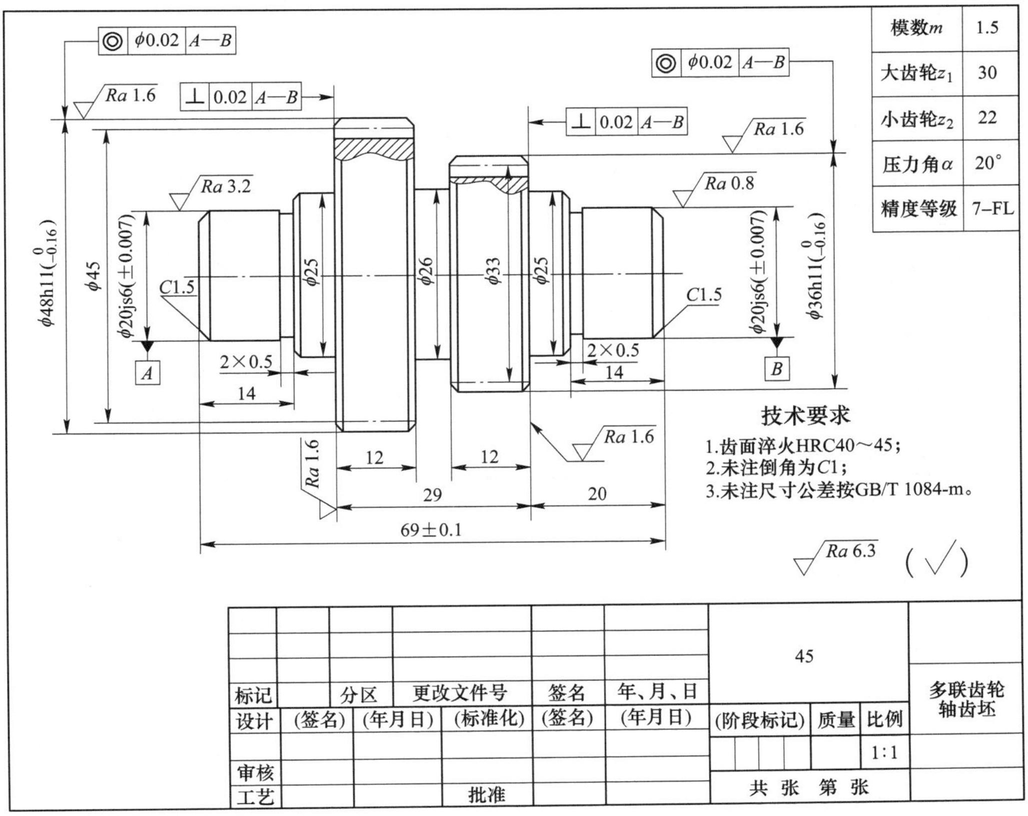

图 4-18 多联齿轮轴齿坯图纸

AutoCAD 软件抄画图形。技术主管将抄画任务分配给绘图员，让他根据机械制图标准，应用 AutoCAD 软件抄画出多联齿轮轴齿坯二维图，保存电子图形并打印出来。

二、评分标准

按表 4-9 中的评分标准进行自我评价。

表 4-9 多联齿轮轴齿坯图纸绘制评分表

项目	序号	评价内容	评分标准			得分
			很好	一般	较差	
图形绘制（50%）	1	图幅、标题栏及图层合理、正确	5~4	3~2	1~0	
	2	文字样式、标注样式设置正确	5~4	3~2	1~0	
	3	平面图形布局合理	5~4	3~2	1~0	
	4	平面图形绘制完整、正确	5~4	3~2	1~0	
	5	尺寸标注完整、正确	5~4	3~2	1~0	
	6	几何公差及基准符号标注正确	5~4	3~2	1~0	
	7	表面粗糙度符号标注正确	5~4	3~2	1~0	
	8	齿轮参数表及填写正确	5~4	3~2	1~0	
	9	技术要求书写规范	5~4	3~2	1~0	
	10	线型和标注与图形的比例合理	5~4	3~2	1~0	
软件操作（25%）	11	AutoCAD 软件绘图环境设置	5~4	3~2	1~0	
	12	AutoCAD 软件操作正确	5~4	3~2	1~0	
	13	AutoCAD 绘图命令执行方法正确	5~4	3~2	1~0	
	14	AutoCAD 快捷键的掌握	5~4	3~2	1~0	
	15	图形绘制方法正确	5~4	3~2	1~0	
职业素养（25%）	16	操作规范，遵守纪律	5~4	3~2	1~0	
	17	认真细致，精益求精	5~4	3~2	1~0	
	18	自主学习，解决问题	5~4	3~2	1~0	
	19	合作创新，团队精神	5~4	3~2	1~0	
	20	遵守 7S 管理制度	5~4	3~2	1~0	
总得分						

学习任务五　转轴支架二维图的绘制

·学习目标

1. 识读标题栏，了解转轴支架的材料、比例。
2. 识读转轴支架图形，确定转轴支架的结构形状、尺寸、几何公差和表面质量要求。
3. 识读技术要求，确定转轴支架的未注尺寸要求。
4. 独立完成图层、线型、文字样式、标注样式等内容的设置。
5. 根据转轴支架的结构，确定绘图步骤。
6. 绘制转轴支架图形的图框和标题栏。
7. 应用“直线”“圆”“镜像”“旋转”“图案填充”“延伸”“修剪”“偏移”等命令绘制转轴支架图形。
8. 完成转轴支架图形的尺寸标注，以及尺寸公差、几何公差、基准符号、表面粗糙度符号等技术要求的标注。
9. 应用“多行文字”命令书写技术要求。
10. 正确完成图纸打印的设置，并打印出转轴支架二维图纸。
11. 检测图纸质量，并对发现的问题进行修改。
12. 对自己所完成的工作成果进行展示，并进行分析说明。
13. 按“7S”管理要求对学习工作站进行正确的使用、维护和保养。
14. 服从安排，具备从业人员的责任感、团队沟通合作等职业素养。

·建议学时

12 学时

·工作情境描述

企业设计部接到一项任务：根据提供的转轴支架零件纸质图样（见图 5-1），用 AutoCAD 软件抄画图形。技术主管将抄画任务分配给绘图员，让他根据机械制图标准，应用 AutoCAD 软件抄画出转轴支架图形，保存电子图形并打印出来。

·工作流程与活动

1. 转轴支架二维图形的分析（2 学时）。
2. AutoCAD 软件的基本操作（2 学时）。
3. 转轴支架二维图的绘制与打印（4 学时）。
4. 图纸质量检测及问题分析（2 学时）。
5. 成果展示与评价考核（2 学时）。

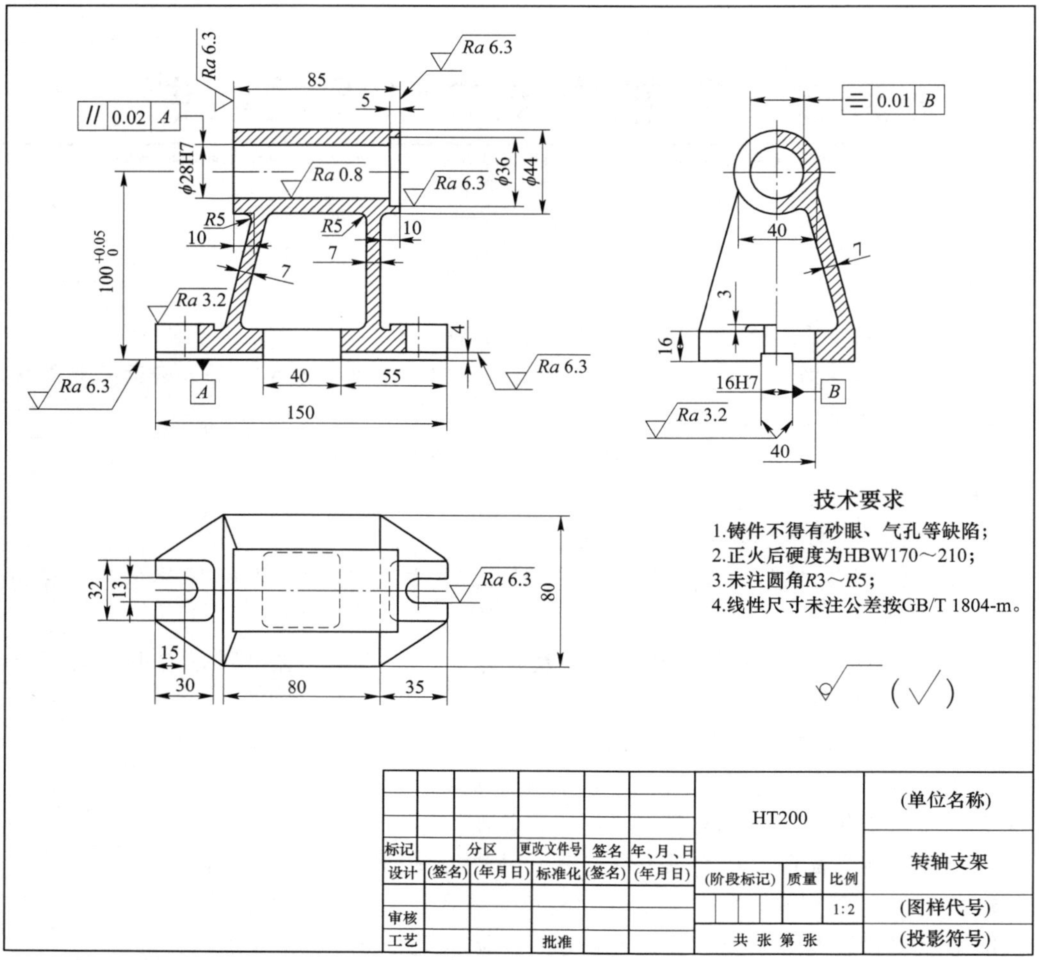

图 5-1 转轴支架图形

学习活动一 转轴支架二维图形的分析

学习目标

1. 识读标题栏，了解转轴支架的材料、比例。
2. 识读三视图，确定转轴支架的结构形状、尺寸、几何公差和表面粗糙度等要求。
3. 识读技术要求，确定转轴支架的未注圆角尺寸及其他技术要求。
4. 识读转轴支架图形，确定图幅、图层、线型、文字样式、标注样式等内容的设置。
5. 根据转轴支架的结构，确定绘图方法和步骤。
6. 与技术主管沟通，确定绘制转轴支架图形所用到的 AutoCAD 命令。

建议学时

2 学时

学习过程

一、接受任务

听技术主管描述本次绘图任务，正确填写任务记录单（见表 5-1）。

表 5-1　任务记录单

部门名称				出图数量	
任务名称				预交付时间	年　月　日
下单人		年　月　日	接单人		年　月　日
制图		年　月　日	审核		年　月　日
批准		年　月　日	交付人		年　月　日

二、识读转轴支架图形

1. 转轴支架是由什么材料制造的？采用的比例是多少？
2. 转轴支架图形采用几个视图来表达零件的形状和结构？分别是什么图？采用了什么画法？
3. 转轴支架的长度方向的尺寸基准是哪里？以此为基准都标注了哪些尺寸？
4. 转轴支架的宽度方向的尺寸基准是哪里？以此为基准都标注了哪些尺寸？
5. 转轴支架的高度方向的尺寸基准是哪里？以此为基准都标注了哪些尺寸？
6. 转轴支架零件上有尺寸公差的都有哪些？
7. 转轴支架哪些位置有几何公差要求？其含义是什么？
8. 转轴支架图形上有几种不同的表面粗糙度？其粗糙度分别是多少？表面质量要求最高的位置是哪里？
9. 转轴支架的文字部分的技术要求包含了哪些信息？

三、确定绘图方案

1. 转轴支架图形采用何种图纸幅面比较合适？
2. 转轴支架图形需要建立哪几个图层？
3. 如何快速保证三视图的三等规律？
4. 当尺寸数字及表面粗糙度符号等标注时跟图形或其他尺寸相交时该如何处理？
5. 简述转轴支架图形的绘制步骤。
6. 与技术主管沟通，确定绘制转轴支架图形所用到的 AutoCAD 命令。

学习活动二　AutoCAD 软件的基本操作

学习目标

1. 应用“旋转”命令将对象进行指定角度的旋转。

2. 应用“打断于点”命令无间隙地将对象打断。

3. 应用“圆角”命令绘制圆角。

4. 应用“对齐标注”对倾斜尺寸进行标注。

5. 使用“特性匹配”功能快速修改图线。

6. 按“7S”管理要求对学习工作站进行正确的使用、维护和保养。

建议学时

2 学时

学习过程

一、旋转

“旋转”命令可以旋转图形对象，改变图形对象的方向。使用此命令时，用户指定旋转基点并输入旋转角度就可以转动图形对象，此外，用户也可以某个方位作为参照位置，然后选择一个新对象或输入一个新角度值来指明要选择到的位置。

1.“旋转”命令的启动方式有哪些?

2.“旋转”命令选项如下：

（1）指定旋转角度：指定旋转基点并输入绝对旋转角度来旋转对象。如果输入负的旋转角度，则选定的对象顺时针旋转；否则，将逆时针旋转。

（2）复制（C）：旋转对象的同时复制对象。

（3）参照（R）：指定某个方向作为起始参照角，然后拾取一个点或两个点来指定原对象要旋转到的位置，也可以输入新角度值来指明要旋转到的位置。

3. 应用“旋转”命令，将图 5-2 的（a）图编辑成（b）图。

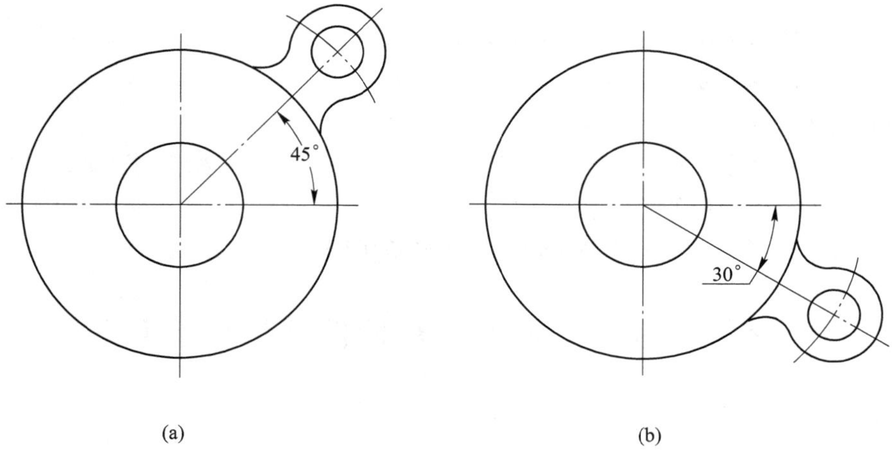

图 5-2 “旋转”命令

4. 应用“旋转”等命令绘制图 5-3，并标注尺寸。

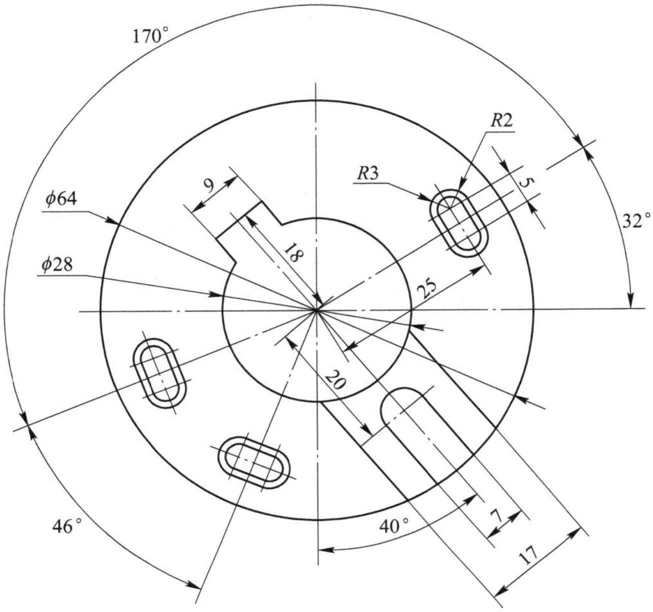

图 5-3 “旋转”应用示例

二、打断于点

“打断于点”命令可以将一个对象无间隙地打断成两个对象。

1.“打断于点”命令的启动方式有哪些?

2. 应用“打断于点”命令，将图 5-4 的（a）图编辑成（b）图。

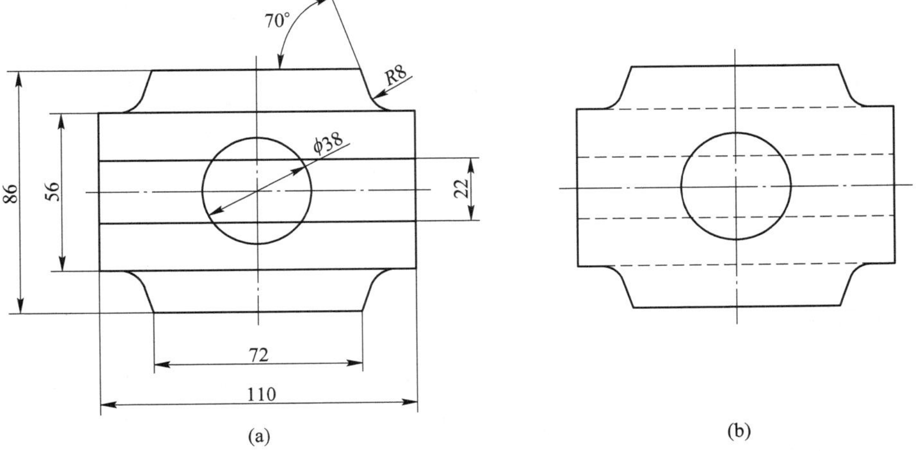

图 5-4 “打断于点”命令

三、圆角

“圆角”使用与对象相切并且具有指定半径的圆弧连接两个对象，操作的对象包括直线、多段线、样条线、圆、圆弧等。

1.“圆角”命令的启动方式有哪些？

2.“圆角”命令选项如下：

（1）多段线（P）：对多段线的每个顶点进行倒圆角操作。

（2）半径（R）：设定圆角半径。若圆角半径为 0，则被倒圆角的两个对象交于一点。

（3）修剪（T）：指定倒圆角操作后是否修剪对象。

（4）多个（M）：可一次创建多个圆角。

3. 应用“圆角”命令，将图 5-5、图 5-6 的（a）图编辑成（b）图。

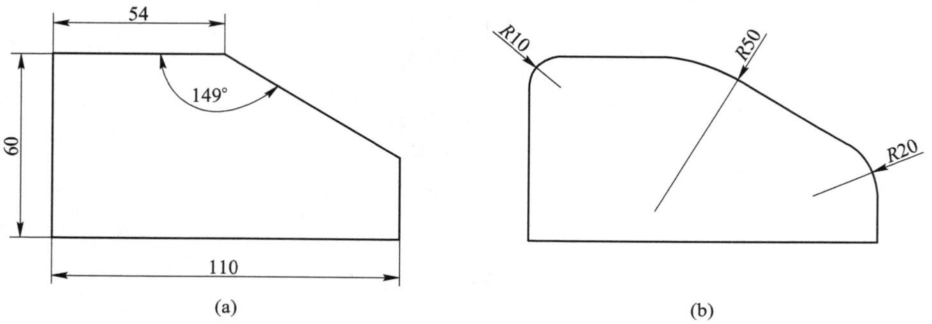

图 5-5 “圆角”命令 1

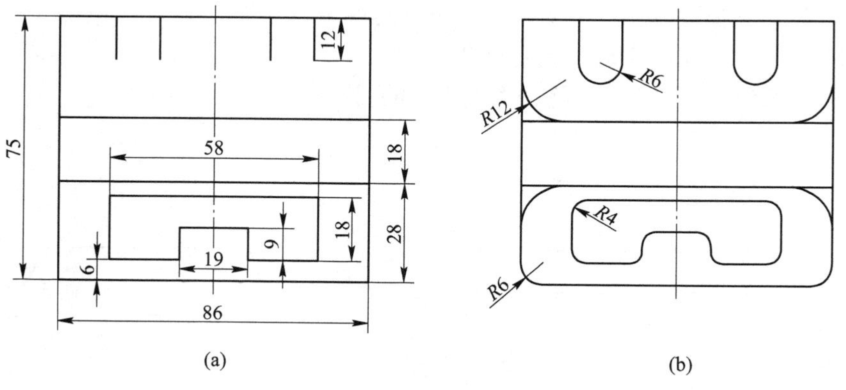

图 5-6 “圆角”命令 2

四、特性匹配

“特性匹配”命令可以将源对象（如颜色、线性、图层及线型比例等）传递给目标对象。操作时，用户要选择两个对象，第 1 个是源对象，第 2 个是目标对象。

1.“特性匹配”命令的启动方式有哪些？

2. 应用“特性匹配”命令，将图 5-7 的（a）图编辑成（b）图。

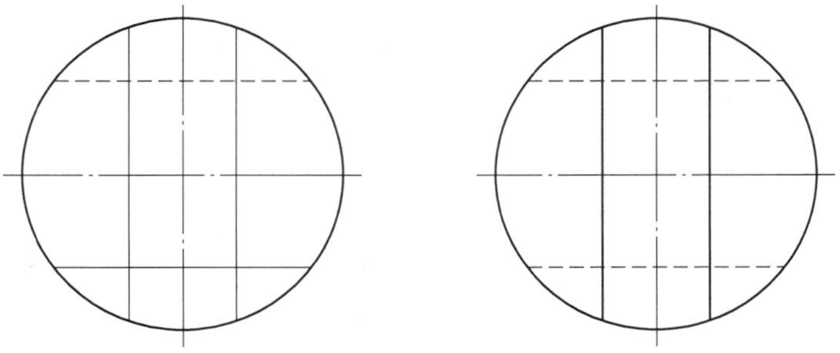

(a)　　　　(b)

图 5-7 “特性匹配”命令

学习活动三　转轴支架二维图的绘制与打印

学习目标

1. 绘制转轴支架图形的图框和标题栏。

2. 根据转轴支架图形所用线型新建图层。

3. 正确应用“直线”“圆角”“偏移”“旋转”“特性匹配”“打断于点”等命令绘制图形。

4. 正确设置标注样式，并应用“线性”“对齐”等标注命令正确合理标注尺寸。

5. 正确完成公差、基准和表面粗糙度符号的标注。

6. 正确应用“多行文字”命令标注转轴支架图纸中的技术要求。

7. 正确完成图纸打印的设置，并能打印转轴支架二维图纸。

建议学时

4 学时

学习过程

一、绘图准备

工具：AutoCAD 绘图软件。

材料：转轴支架图形。

设备：计算机、打印机。

资料：工作页。

二、绘图过程

1. 新建图层。启动 AutoCAD 绘图软件，根据转轴支架图形，新建六个图层，见表 5-2。

表 5-2 图层设置

图层名称	颜色	线型	线宽
粗实线层	白色（7）	Continuous	0. 5 mm
细实线层	蓝色（5）	Continuous	0. 25 mm
中心线层	红色（1）	CENTER	0. 25 mm
虚线层	洋红（6）	DASHED	0. 25 mm
尺寸线层	绿色（3）	Continuous	0. 25 mm
文字层	绿色（3）	Continuous	0. 25 mm

2. 确定绘图比例。根据转轴支架图形的轮廓尺寸，采用 1 ∶ 2 的绘图比例绘制在 A3 图纸上。

3. 绘制 A3 图框和标题栏。

4. 绘制主视图基准线。应用“直线”“偏移”等命令，绘制水平及竖直作图基准线，如图 5-8 所示。

5. 绘制主视图。应用“直线”“圆角”“偏移”等命令，完成主视图，如图 5-9 所示。

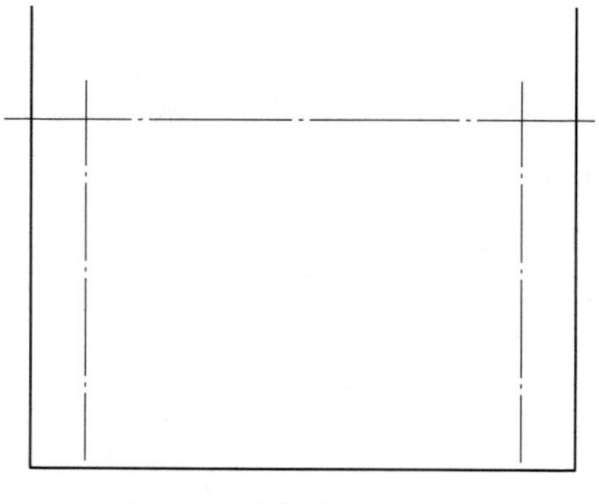

图 5-8 绘制作图基准线

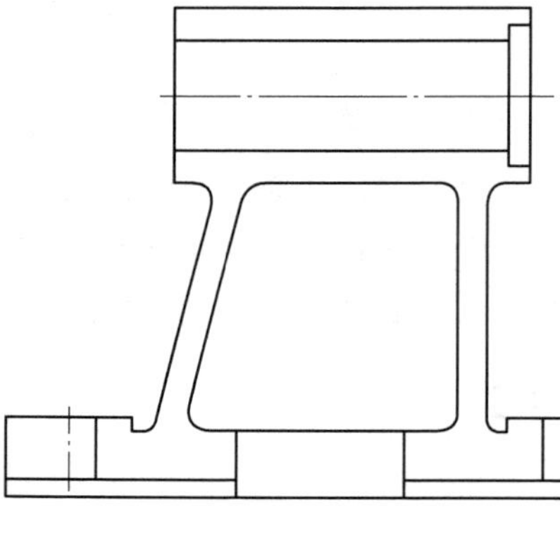

图 5-9 绘制主视图

6. 绘制左视图。应用“圆”“偏移”“修剪”等命令，从主视图绘制水平投影线，再完成左视图，如图 5-10 所示。

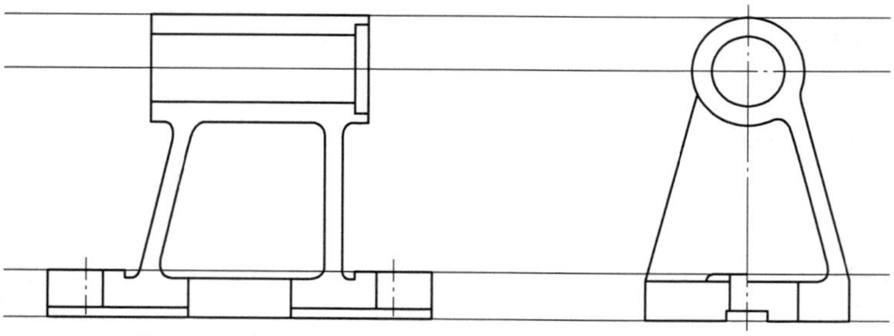

图 5-10 绘制左视图

7. 复制并旋转左视图。应用“复制”“旋转”等命令复制并旋转左视图，然后向俯视图绘制投影线，如图 5-11 所示。

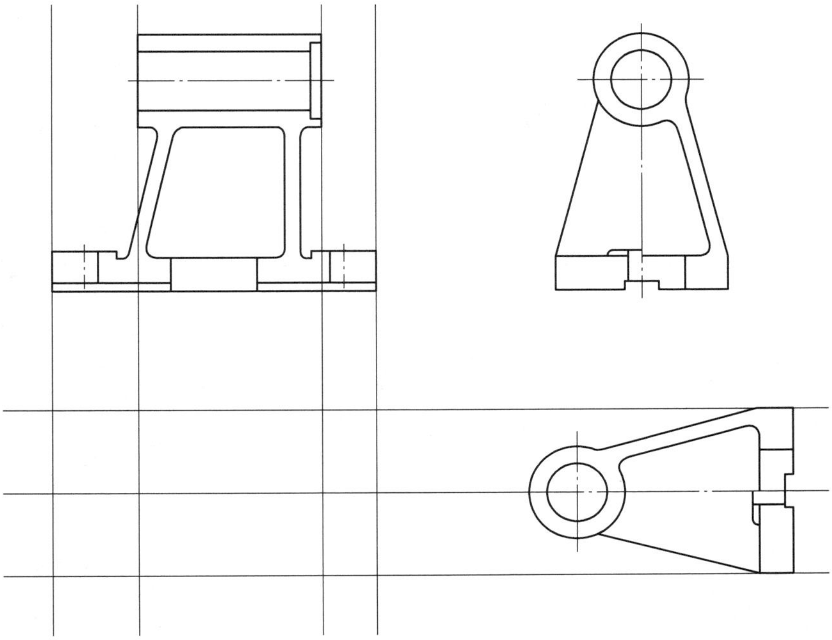

图 5-11　复制并旋转左视图

8. 绘制俯视图。应用“直线”“镜像”“打断于点”等命令，完成俯视图，如图 5-12 所示。

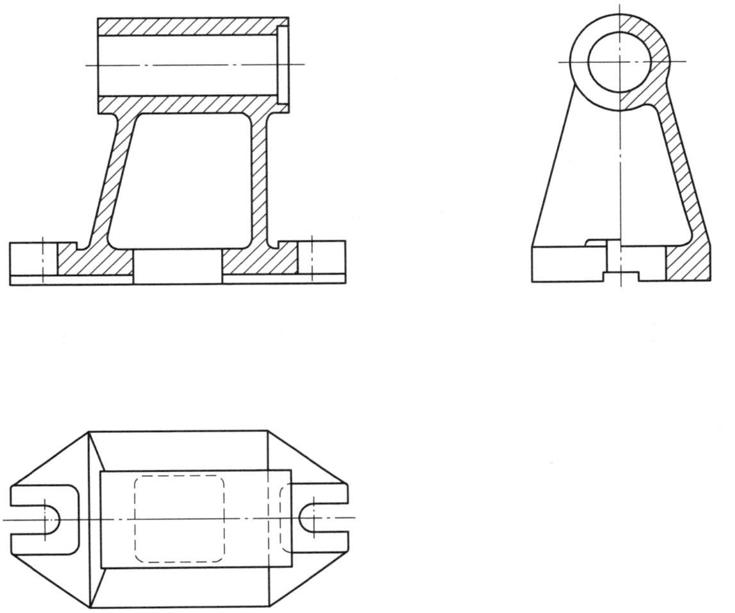

图 5-12　绘制俯视图

9. 完成标注。切换到尺寸标注层，完成标注尺寸及技术要求等，如图 5-13 所示。

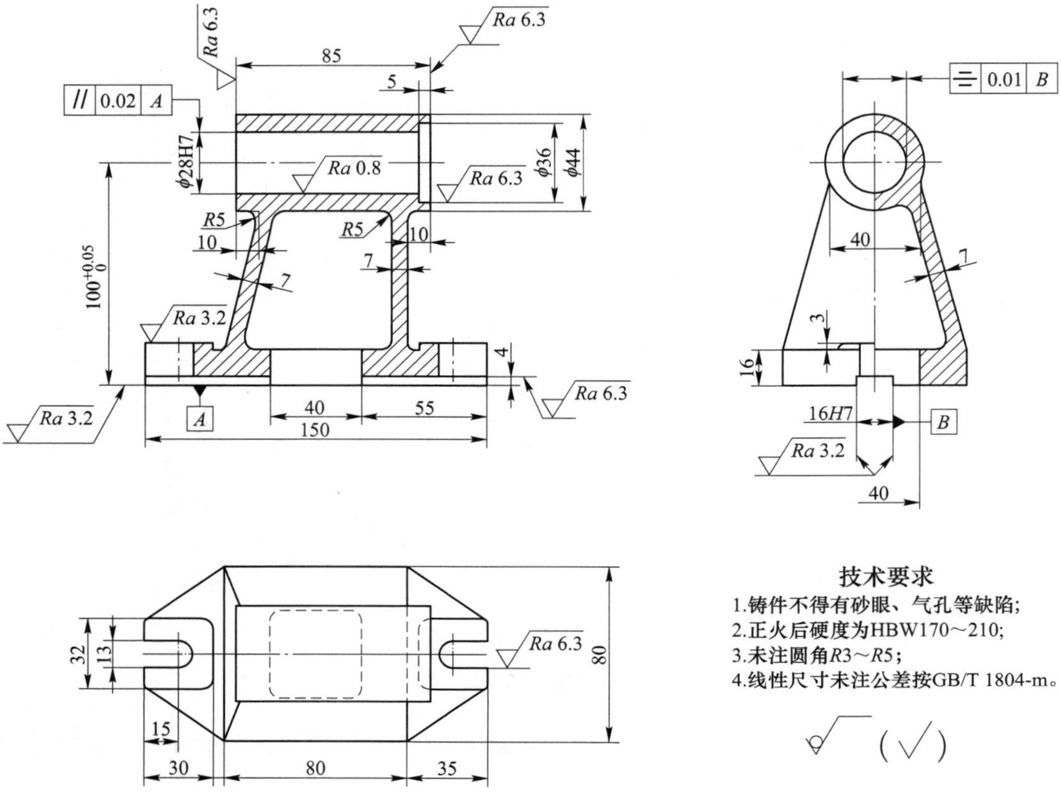

图 5-13 完成尺寸标注

10. 保存文件。将绘制的转轴支架二维图保存到指定位置。

三、打印图形

设置 AutoCAD 软件的打印参数，完成转轴支架图纸的打印，以便后续质量检测和问题分析使用。

学习活动四 图纸质量检测与问题分析

学习目标

1. 判断图幅大小是否合适，标题栏填写是否规范。
2. 判断图层设置及图形线型使用是否正确。
3. 判断转轴支架图形布图是否合理。
4. 判断转轴支架图形是否完整。
5. 判断尺寸标注是否清晰、合理及完整。

6. 判断尺寸公差标注是否正确。
7. 判断几何公差及基准符号标注是否正确。
8. 判断表面粗糙度符号标注是否正确。
9. 判断所标注的文字部分的技术要求书写是否规范。
10. 根据发现的问题，分析原因并修改。

建议学时

2 学时

学习过程

一、图纸质量检测

组内成员互相检查并记录检测结果，记录在表 5-3 中。

表 5-3　图纸质量检测项目及检测结果

序号	绘图要求	检测结果
1	图幅、标题栏及图层合理、正确	
2	文字样式、标注样式设置正确	
3	平面图形布局合理	
4	平面图形绘制完整、正确	
5	尺寸标注完整、正确	
6	几何公差及基准符号标注正确	
7	表面粗糙度符号标注正确	
8	剖面符号及标注正确	
9	技术要求书写规范	
10	线型和标注与图形的比例合理	

二、问题分析

根据表 5-3 检测出的问题进行分析，记录在表 5-4 中。

表 5-4　问题类型、产生原因及改进措施

问题类型	产生原因	改进措施

续表 5-4

问题类型	产生原因	改进措施

三、修改图纸

按照图纸检测结果修改图纸并保存。

四、打印图形

打印一张转轴支架图纸，上交技术主管进行审核。审核合格后，打印所需数量的图纸，上交技术主管，并认真填写任务记录单。

学习活动五 成果展示与评价考核

学习目标

1. 展示工作成果，并介绍自己的绘图方法。
2. 分析本次任务中出现的问题并分享改进措施。
3. 解答其他组同学的提问。
4. 公平、公正、合理地自我评价及对他人评价。
5. 自律、自省、交流、合作，有良好的职业素养。

建议学时

2 学时

学习过程

一、个人评价

按表 5-5 中的评分标准进行自我评价。

表 5-5　自我评价表

学习任务名称：　　　　　　　　　姓名：　　　　　　　　　学号：

项目	序号	评价内容	评分标准			得分
			很好	一般	较差	
图形绘制（50%）	1	图幅、标题栏及图层合理、正确	5～4	3～2	1～0	
	2	文字样式、标注样式设置正确	5～4	3～2	1～0	
	3	平面图形布局合理	5～4	3～2	1～0	
	4	平面图形绘制完整、正确	5～4	3～2	1～0	
	5	尺寸标注完整、正确	5～4	3～2	1～0	
	6	几何公差及基准符号标注正确	5～4	3～2	1～0	
	7	表面粗糙度符号标注正确	5～4	3～2	1～0	
	8	剖面符号及标注正确	5～4	3～2	1～0	
	9	技术要求书写规范	5～4	3～2	1～0	
	10	线型和标注与图形的比例合理	5～4	3～2	1～0	
软件操作（25%）	11	AutoCAD 软件绘图环境设置	5～4	3～2	1～0	
	12	AutoCAD 软件操作正确	5～4	3～2	1～0	
	13	AutoCAD 绘图命令执行方法正确	5～4	3～2	1～0	
	14	AutoCAD 快捷键的掌握	5～4	3～2	1～0	
	15	图形绘制方法正确	5～4	3～2	1～0	
职业素养（25%）	16	操作规范，遵守纪律	5～4	3～2	1～0	
	17	认真细致，精益求精	5～4	3～2	1～0	
	18	自主学习，解决问题	5～4	3～2	1～0	
	19	合作创新，团队精神	5～4	3～2	1～0	
	20	遵守 7S 管理制度	5～4	3～2	1～0	
总得分						

二、小组评价

将小组评价得分填入表 5-6。

表 5-6　小组评价表

学习任务名称：　　　　　　　　　组名：　　　　　　　　　汇报人：

序号	评价内容	评分标准			得分
		很好	一般	稍差	
1	汇报的图形是否符合机械制图标准	10～9	8～6	5～1	
2	介绍成果是否表达清晰	10～9	8～6	5～1	
3	介绍的绘图方法是否正确	10～9	8～6	5～1	

续表 5-6

序号	评价内容	评分标准			得分
		很好	一般	稍差	
4	汇报成果专业术语是否表达正确	10~9	8~6	5~1	
5	汇报成果说话是否逻辑正确	10~9	8~6	5~1	
6	汇报人解答他组提问是否正确	10~9	8~6	5~1	
7	团队合作创新精神	10~9	8~6	5~1	
8	7S 工作要求	10~9	8~6	5~1	
9	计算机、打印机保养	10~9	8~6	5~1	
10	汇报展示的方式是否新颖（利用多媒体等手段）	10~9	8~6	5~1	
总评分					

三、教师评价

将教师评价得分填入表 5-7。

表 5-7 教师评价表

学习任务名称： 学生姓名： 学号：

序号	评价内容	评分标准			得分
		很好	一般	稍差	
1	成果质量	10~9	8~6	5~1	
2	服从管理	10~9	8~6	5~1	
3	协作精神	10~9	8~6	5~1	
4	规范意识	10~9	8~6	5~1	
5	纪律观念	10~9	8~6	5~1	
6	勇于表达	10~9	8~6	5~1	
7	质量意识	10~9	8~6	5~1	
8	工作态度	10~9	8~6	5~1	
9	反思总结	10~9	8~6	5~1	
10	自律自控	10~9	8~6	5~1	
总评分					

四、工作总结

1. 在完成任务五的工作过程中，你学到了哪些知识和技能？
2. 写一下任务五的工作总结（心得体会）。

五、学习任务五过程性考核

将本次任务的考核得分填入表 5-8。

表 5-8 学习任务五 过程性考核得分表

班级		组名		姓名		学号	
项目		自我评价		小组评价		教师评价	
单项得分							
占比		占总评 20%		占总评 30%		占总评 50%	
占比得分							
总得分							

任课教师： 年 月 日

拓展任务

支架的绘制

一、工作情境描述

企业设计部接到一项任务：根据提供的支架纸质图样（见图 5-14），用 AutoCAD 软件

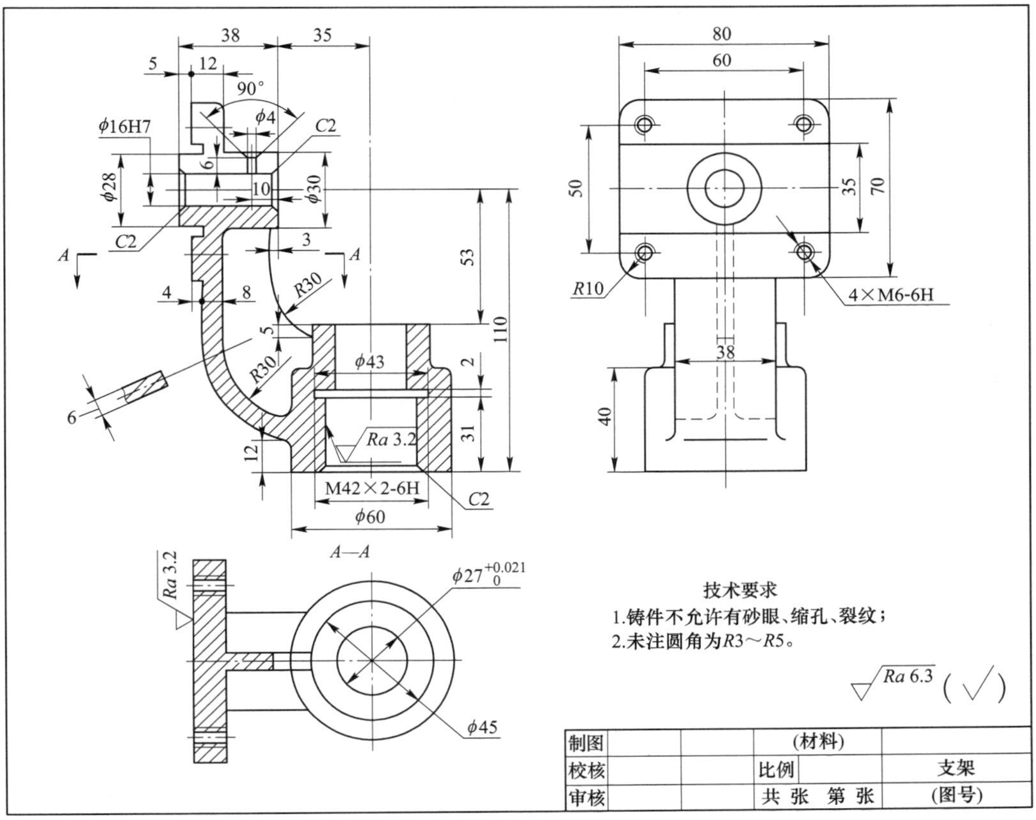

图 5-14 支架图纸

抄画图形。技术主管将抄画任务分配给绘图员，让他根据机械制图标准，应用 AutoCAD 软件抄画出支架二维图，保存电子图形并打印出来。

二、评分标准

按表 5-9 中的评分标准进行自我评价。

表 5-9 支架图纸绘制评分表

项目	序号	评价内容	评分标准			得分
			很好	一般	较差	
图形绘制（50%）	1	图幅、标题栏及图层合理、正确	5~4	3~2	1~0	
	2	文字样式、标注样式设置正确	5~4	3~2	1~0	
	3	平面图形布局合理	5~4	3~2	1~0	
	4	平面图形绘制完整、正确	5~4	3~2	1~0	
	5	尺寸标注完整、正确	5~4	3~2	1~0	
	6	几何公差及基准符号标注正确	5~4	3~2	1~0	
	7	表面粗糙度符号标注正确	5~4	3~2	1~0	
	8	剖面符号及标注正确	5~4	3~2	1~0	
	9	技术要求书写规范	5~4	3~2	1~0	
	10	线型和标注与图形的比例合理	5~4	3~2	1~0	
软件操作（25%）	11	AutoCAD 软件绘图环境设置	5~4	3~2	1~0	
	12	AutoCAD 软件操作正确	5~4	3~2	1~0	
	13	AutoCAD 绘图命令执行方法正确	5~4	3~2	1~0	
	14	AutoCAD 快捷键的掌握	5~4	3~2	1~0	
	15	图形绘制方法正确	5~4	3~2	1~0	
职业素养（25%）	16	操作规范，遵守纪律	5~4	3~2	1~0	
	17	认真细致，精益求精	5~4	3~2	1~0	
	18	自主学习，解决问题	5~4	3~2	1~0	
	19	合作创新，团队精神	5~4	3~2	1~0	
	20	遵守 7S 管理制度	5~4	3~2	1~0	
总得分						

学习任务六　泵体二维图的绘制

· 学习目标

1. 识读标题栏，了解泵体的材料、比例。
2. 识读泵体图形，确定泵体的结构形状、尺寸、几何公差和表面质量要求。
3. 识读技术要求，确定泵体的未注尺寸要求。
4. 独立完成图层、线型、文字样式、标注样式等内容的设置。
5. 根据泵体的结构，确定绘图步骤。
6. 绘制泵体图形的图框和标题栏。
7. 应用“直线”“圆”“修剪”“延伸”“阵列”“单行文字”“镜像”等命令绘制泵体图形。
8. 应用“直线”“快速引线”“单行文字”命令标注剖切符号。
9. 完成泵体图形上的尺寸、基准符号、几何公差、表面粗糙度符号等技术要求的标注。
10. 正确完成图纸打印的设置，并打印出泵体二维图纸。
11. 检测图纸质量，并对发现的问题进行修改。
12. 对自己所完成的工作成果进行展示，并进行分析说明。
13. 按“7S”管理要求对学习工作站进行正确的使用、维护和保养。
14. 服从安排，具备从业人员的责任感、团队沟通合作等职业素养。

· 建议学时

12 学时

· 工作情境描述

企业设计部接到一项任务：根据提供的泵体零件纸质图样（见图 6-1），用 AutoCAD 软件抄画图形。技术主管将抄画任务分配给绘图员，让他根据机械制图标准，应用 AutoCAD 软件抄画出泵体图形，保存电子图形并打印出来。

· 工作流程与活动

1. 泵体二维图形的分析（2 学时）。
2. AutoCAD 软件的基本操作（2 学时）。
3. 泵体二维图的绘制与打印（4 学时）。
4. 图纸质量检测及问题分析（2 学时）。
5. 成果展示与评价考核（2 学时）。

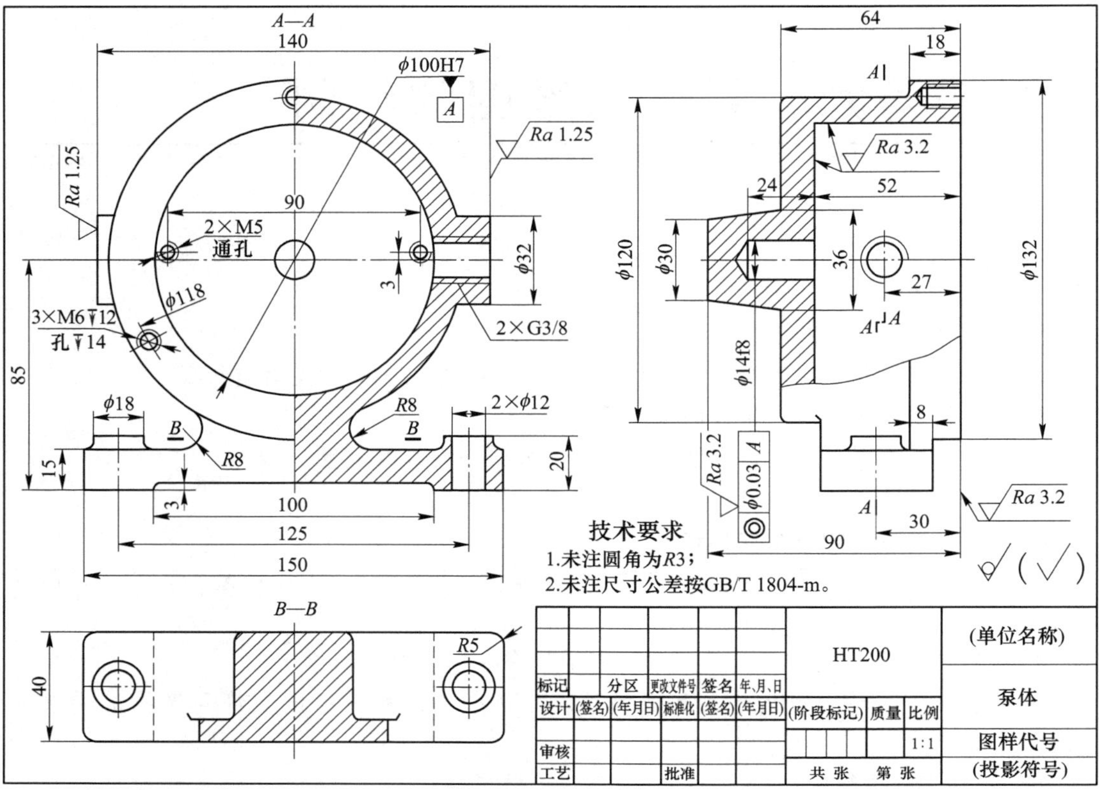

图 6-1 泵体图形

学习活动一 泵体二维图形的分析

学习目标

1. 识读标题栏，了解泵体的材料、比例。
2. 识读泵体的三视图，确定泵体的结构形状、尺寸、几何公差和表面质量要求。
3. 识读技术要求，确定泵体的未注尺寸要求。
4. 识读泵体图形，确定图幅、图层、线型、文字样式、标注样式等内容的设置。
5. 根据泵体的结构，确定绘图方法和步骤。
6. 与技术主管沟通，确定绘制泵体图形所用到的 AutoCAD 命令。

建议学时

2 学时

学习过程

一、接受任务

听技术主管描述本次绘图任务，正确填写任务记录单（见表 6-1）。

表 6-1　任务记录单

部门名称				出图数量	
任务名称				预交付时间	年　月　日
下单人		年　月　日	接单人		年　月　日
制图		年　月　日	审核		年　月　日
批准		年　月　日	交付人		年　月　日

二、识读泵体图形

1. 泵体是由什么材料制造的？采用的比例是多少？
2. 泵体图形采用几个视图来表达零件的形状和结构？分别是什么图？采用了什么画法？
3. 泵体的长度方向的尺寸基准是哪里？以此为基准都标注了哪些尺寸？
4. 泵体的宽度方向的尺寸基准是哪里？以此为基准都标注了哪些尺寸？
5. 泵体的高度方向的尺寸基准是哪里？以此为基准都标注了哪些尺寸？
6. 泵体零件上有尺寸公差的都有哪些？
7. 泵体哪些位置有几何公差要求？其含义是什么？
8. 泵体图形上有几种不同的表面粗糙度？其粗糙度分别是多少？表面质量要求最高的位置是哪里？
9. 泵体图中 2×G3/8 是何含义？

三、确定绘图方案

1. 泵体图形采用何种图纸幅面比较合适？
2. 泵体图形需要建立哪几个图层？
3. 如何快速保证三视图的三等规律？
4. 简述泵体图形的绘制步骤。
5. 与技术主管沟通，确定绘制转轴支架图形所用到的 AutoCAD 命令。

学习活动二　AutoCAD 软件的基本操作

学习目标

1. 应用“圆弧”命令合理绘制圆弧。
2. 应用“椭圆”命令绘制椭圆。
3. 应用“延伸”命令将对象延伸至选择的边界。
4. 应用“单行文字”命令书写单行文本。
5. 使用“修改文字/尺寸”命令快速修改文字或尺寸。
6. 按“7S”管理要求对学习工作站进行正确的使用、维护和保养。

建议学时

2 学时

学习过程

一、圆弧

“圆弧”命令可以绘制圆弧对象，圆弧的绘制方法有多种。

1.“圆弧”命令的启动方式有哪些？

2. 应用“圆弧”命令，通过指定三点绘制图 6-2 的圆弧。

3. 应用“圆弧”命令，通过“起点—端点—半径”绘制图 6-3 的圆弧。

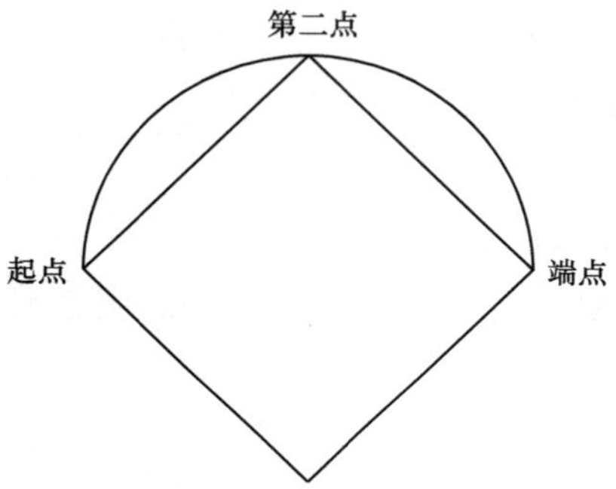

图 6-2 指定三点绘制圆弧

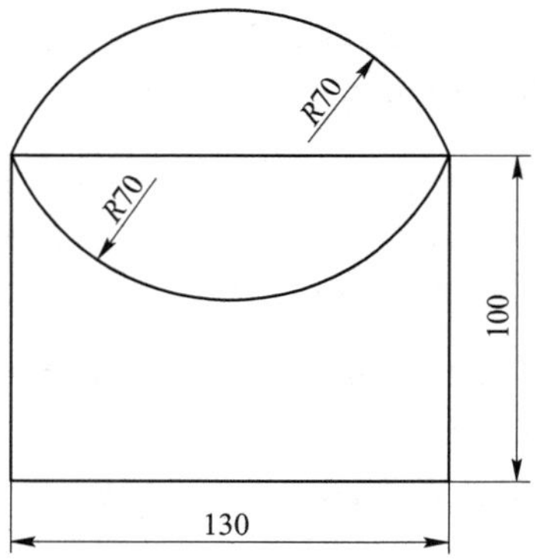

图 6-3 “起点—端点—半径”绘制圆弧

4. 应用“圆弧”命令，通过“圆心—起点—端点”绘制图 6-4 的圆弧。

5. 应用“圆弧”命令，通过“圆心—起点—角度”绘制图 6-5 的圆弧。

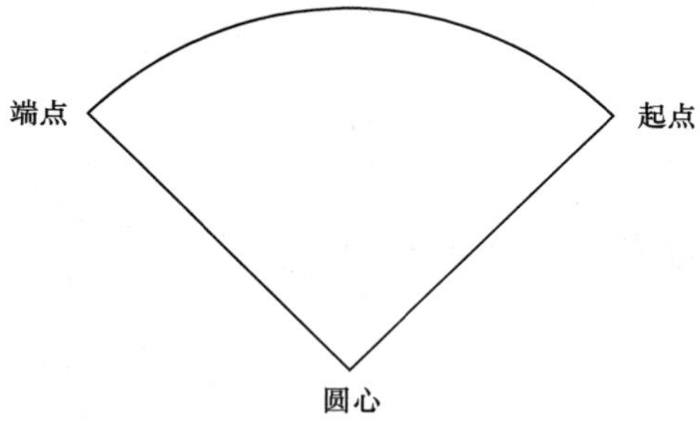

图 6-4 “圆心—起点—端点”绘制圆弧

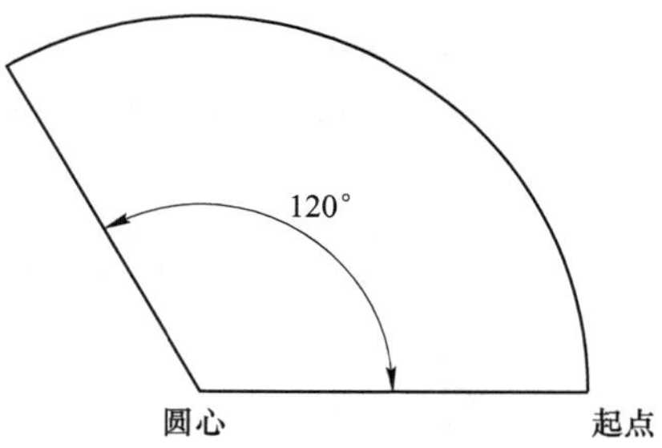

图 6-5 “圆心—起点—角度”绘制圆弧

二、椭圆

“椭圆”命令可以绘制椭圆对象。绘制椭圆的默认方法是指定椭圆第一根轴线的两个端点及另一轴长度的一半，另外，也可通过指定椭圆中心、第一轴的端点及另一轴线的半轴长度来创建椭圆。

1.“椭圆”命令的启动方式有哪些？

2.“椭圆”命令选项如下：

（1）圆弧（A）：绘制一段椭圆弧。过程是先绘制一个完整的椭圆，随后 AutoCAD 提示用户指定椭圆弧的起始角及终止角。

（2）中心点（C）：通过椭圆中心点及长轴、短轴来绘制椭圆。

（3）旋转（R）：按旋转方式绘制椭圆，即 AutoCAD 将圆绕直径转动一定角度后，再投影到平面上形成椭圆。

3. 应用“椭圆”命令，绘制图 6-6 图形并标注。

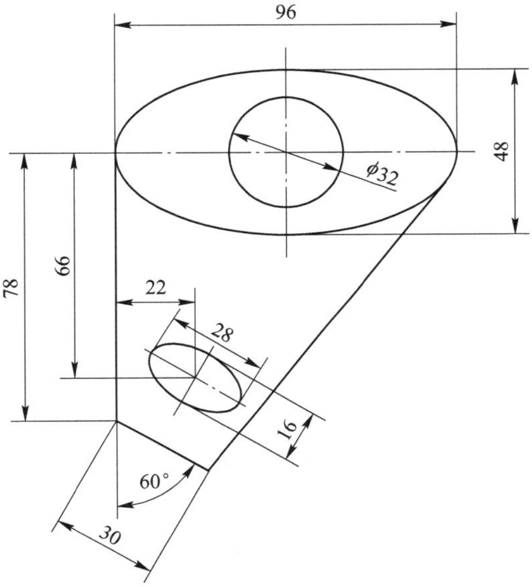

图 6-6　绘制图形并标注

三、延伸

“延伸”命令可以将线段、曲线等对象延伸到一个边界对象，使其与边界对象相交。

1.“延伸”命令的启动方式有哪些？

2.“延伸”命令选项如下：

（1）按住 Shift 键选择要修剪的对象：将选择的对象修剪到边界而不是将其延伸。

（2）栏选（F）：用户绘制连续折线，与折线相交的对象被延伸。

（3）窗交（C）：利用交叉窗口选择对象。

（4）投影（P）：该选项使用户可以指定延伸操作的空间。对于二维绘图来说，延伸操作是在当前用户坐标平面（*XY* 平面）内进行的。在三维空间作图时，用户可通过该选项将两个交叉对象投影到 *XY* 平面或当前视图平面内执行延伸操作。

（5）边（E）：当边界边太短且延伸对象后不能与其直接相交时，就打开该选项，此时，AutoCAD 假想将边界边延长，然后延伸线条到边界边。

（6）放弃（U）：取消上一次的操作。

3. 应用“延伸”命令，将图 6-7 的（a）图编辑成（b）图。

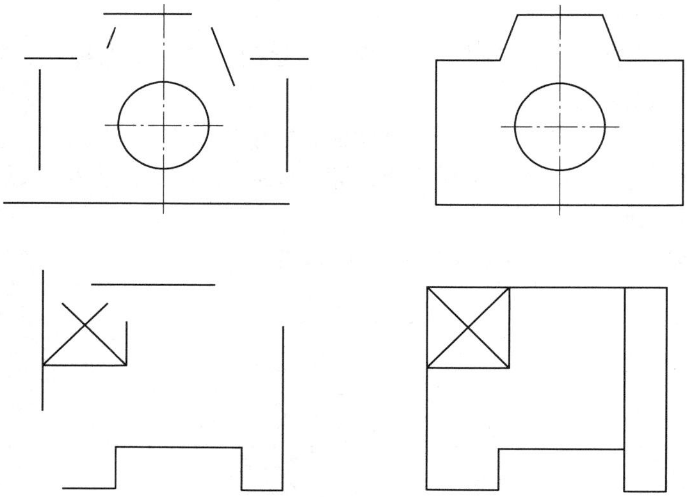

(a) (b)

图 6-7 “延伸”命令

四、单行文字

“单行文字”命令用于创建单行文字对象。此命令可以用“十”字光标在不同的地方选取点以定位文本的位置，还能设定文本的高度和旋转的角度。

1.“单行文字”命令的启动方式有哪些？

2. 应用“单行文字”命令，结合“文字样式”，输入图 6-8 的文字。

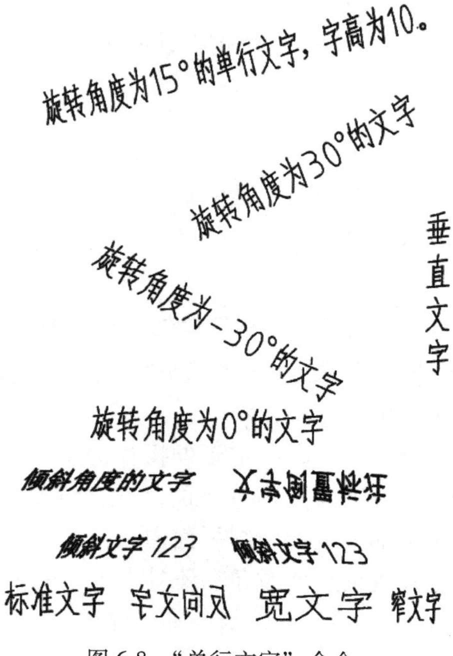

图 6-8 “单行文字”命令

五、修改文字/尺寸

“修改文字/尺寸” 命令可以编辑单行文字、标注文字、属性定义和特征控制框。

1.“修改文字/尺寸” 命令的启动方式有哪些？

2. 应用“修改文字/尺寸” 命令，将图 6-9 的（a）图编辑成（b）图。

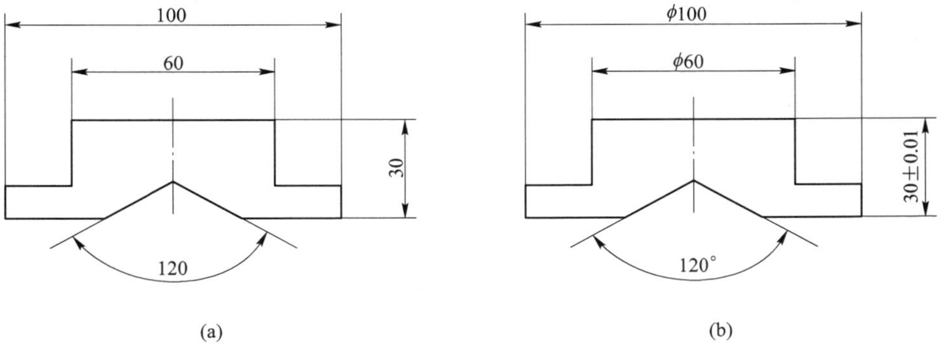

图 6-9 “修改文字/尺寸” 命令

学习活动三　泵体二维图的绘制与打印

学习目标

1. 绘制泵体图形的图框和标题栏。

2. 根据泵体图形所用线型新建图层。

3. 正确应用“直线”“圆”“圆弧”“延伸”“镜像”“单行文字”“修改文字/尺寸”等命令绘制图形。

4. 正确设置标注样式，并应用“线性”“直径”等标注命令正确合理标注尺寸。

5. 正确完成公差、基准和表面粗糙度符号的标注。

6. 正确应用“单行文字”“多行文字”命令标注泵体图纸中的剖切符号和技术要求。

7. 正确完成图纸打印的设置，并能打印泵体二维图纸。

建议学时

4 学时

学习过程

一、绘图准备

工具：AutoCAD 绘图软件。

材料：泵体图形。

设备：计算机、打印机。

资料：工作页。

二、绘图过程

1. 新建图层。启动 AutoCAD 绘图软件，根据泵体图形，新建六个图层，见表 6-2。

表 6-2 图层设置

图层名称	颜色	线型	线宽
粗实线层	白色（7）	Continuous	0. 5 mm
细实线层	蓝色（5）	Continuous	0. 25 mm
中心线层	红色（1）	CENTER	0. 25 mm
虚线层	洋红（6）	DASHED	0. 25 mm
尺寸线层	绿色（3）	Continuous	0. 25 mm
文字层	绿色（3）	Continuous	0. 25 mm

2. 确定绘图比例。根据泵体图形的轮廓尺寸，采用 1 ∶ 1 的绘图比例绘制在 A3 图纸上。

3. 绘制 A3 图框和标题栏。

4. 绘制主视图基准线。应用“直线”“偏移”等命令，绘制水平及竖直作图基准线，如图 6-10 所示。

5. 绘制主视图。应用“圆”“圆弧”“圆角”“镜像”等命令，完成主视图，如图 6-11 所示。

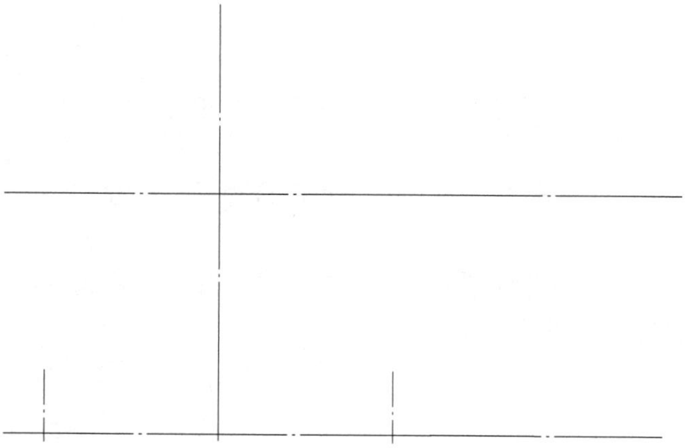

图 6-10 绘制作图基准线

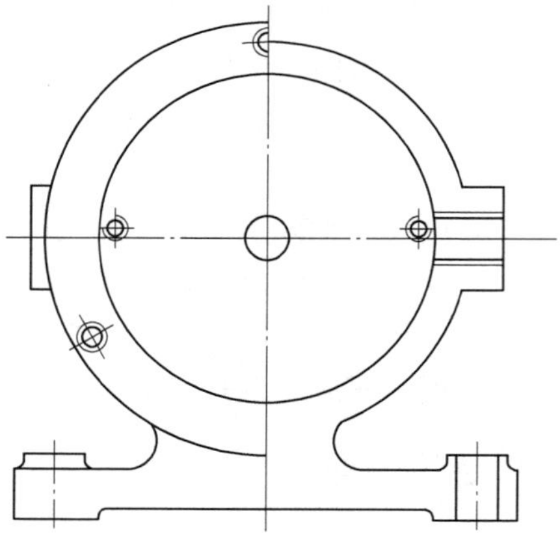

图 6-11 绘制主视图

6. 绘制左视图。应用“直线”“偏移”“复制”“修剪”“样条曲线”等命令，从主视图绘制水平投影线，再完成左视图，如图 6-12 所示。

7. 绘制俯视图。绘制 *B*—*B* 位置剖切位置，应用“矩形”“直线”“镜像”“圆角”等命令，完成俯视图，如图 6-13 所示。

8. 图案填充及尺寸标注，完成图形。图案填充，并完成标注尺寸及技术要求等，如图 6-14 所示。

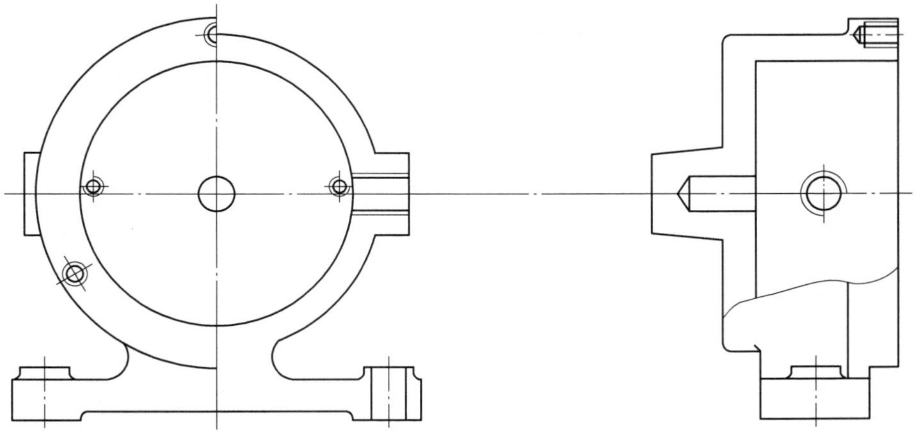

图 6-12　绘制左视图

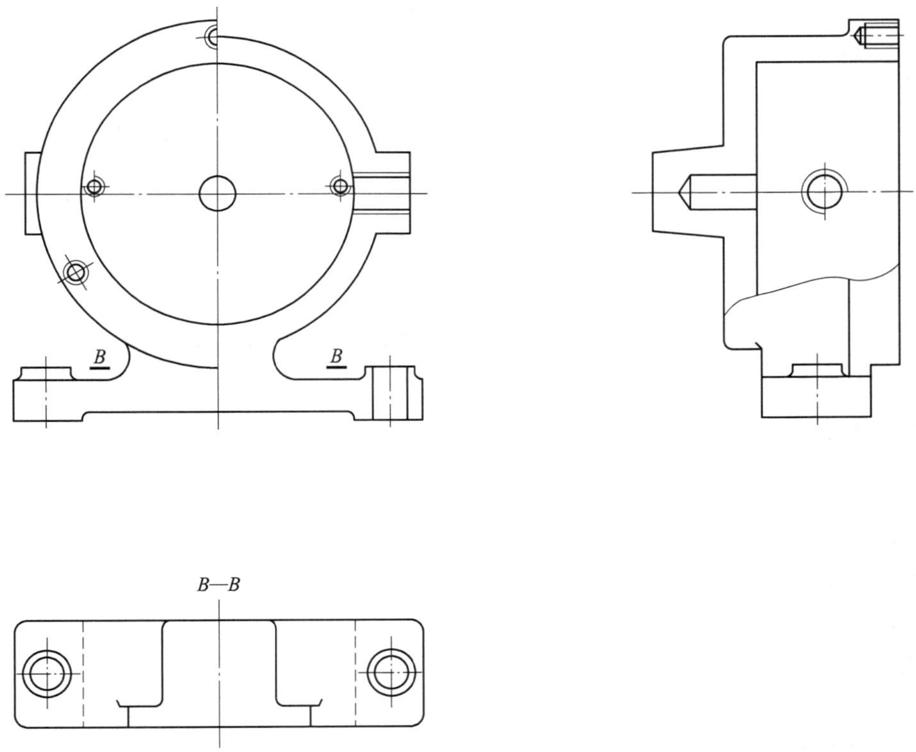

图 6-13　绘制俯视图

9. 保存文件。将绘制的泵体二维图保存到指定位置。

三、打印图形

设置 AutoCAD 软件的打印参数，完成泵体图纸的打印，以便后续质量检测和问题分析使用。

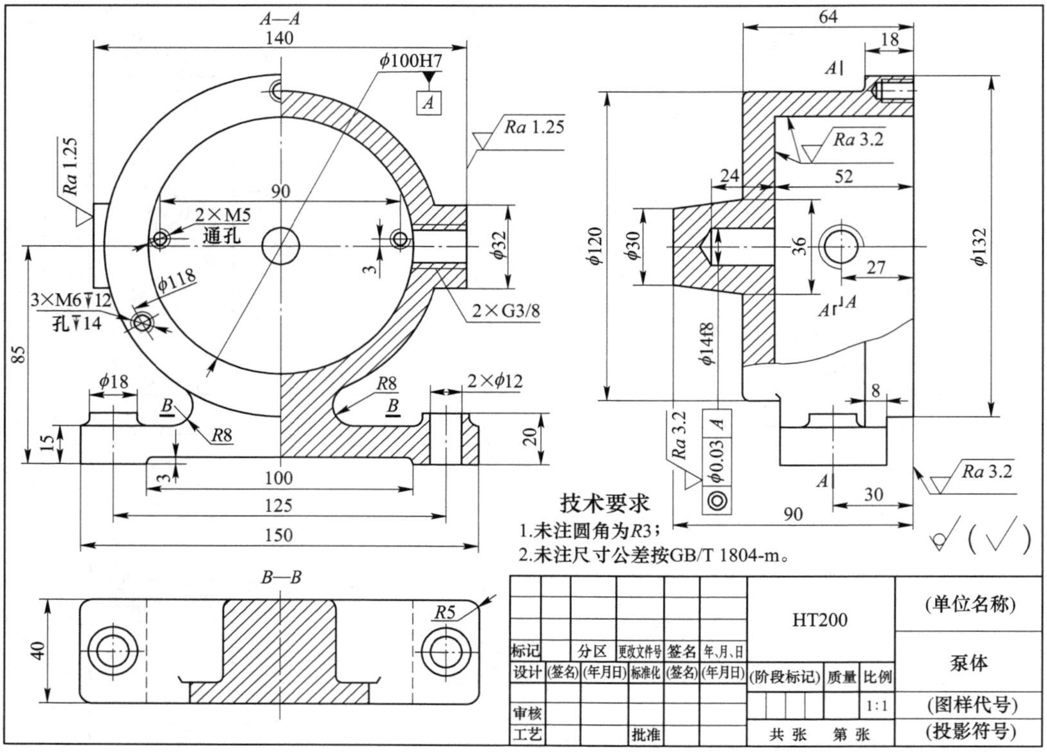

图 6-14 完成图形

学习活动四 图纸质量检测与问题分析

学习目标

1. 判断图幅大小是否合适，标题栏填写是否规范。
2. 判断图层设置及图形线型使用是否正确。
3. 判断泵体图形布图是否合理。
4. 判断泵体图形是否完整。
5. 判断尺寸标注是否清晰、合理及完整。
6. 判断尺寸公差标注是否正确。
7. 判断几何公差及基准符号标注是否正确。
8. 判断表面粗糙度符号标注是否正确。
9. 判断所标注的文字部分的技术要求书写是否规范。
10. 根据发现的问题，分析原因并修改。

建议学时

2 学时

学习过程

一、图纸质量检测

组内成员互相检查并记录检测结果，记录在表 6-3 中。

表 6-3　图纸质量检测项目及检测结果

序号	绘图要求	检测结果
1	图幅、标题栏及图层合理、正确	
2	文字样式、标注样式设置正确	
3	平面图形布局合理	
4	平面图形绘制完整、正确	
5	尺寸标注完整、正确	
6	几何公差及基准符号标注正确	
7	表面粗糙度符号标注正确	
8	剖面符号及标注正确	
9	技术要求书写规范	
10	线型和标注与图形的比例合理	

二、问题分析

根据表 6-3 检测出的问题进行分析，记录在表 6-4 中。

表 6-4　问题类型、产生原因及改进措施

问题类型	产生原因	改进措施

三、修改图纸

按照图纸检测结果修改图纸并保存。

四、打印图形

打印一张泵体图纸，上交技术主管进行审核。审核合格后，打印所需数量的图纸，上交技术主管，并认真填写任务记录单。

学习活动五 成果展示与评价考核

学习目标

1. 展示工作成果，并介绍自己的绘图方法。
2. 分析本次任务中出现的问题并分享改进措施。
3. 解答其他组同学的提问。
4. 公平、公正、合理地自我评价及对他人评价。
5. 自律、自省、交流、合作，有良好的职业素养。

建议学时

2 学时

学习过程

一、个人评价

按表 6-5 中的评分标准进行自我评价。

表 6-5 自我评价表

学习任务名称： 姓名： 学号：

项目	序号	评价内容	评分标准			得分
			很好	一般	较差	
图形绘制（50%）	1	图幅、标题栏及图层合理、正确	5~4	3~2	1~0	
	2	文字样式、标注样式设置正确	5~4	3~2	1~0	
	3	平面图形布局合理	5~4	3~2	1~0	
	4	平面图形绘制完整、正确	5~4	3~2	1~0	
	5	尺寸标注完整、正确	5~4	3~2	1~0	
	6	几何公差及基准符号标注正确	5~4	3~2	1~0	
	7	表面粗糙度符号标注正确	5~4	3~2	1~0	
	8	剖面符号及标注正确	5~4	3~2	1~0	
	9	技术要求书写规范	5~4	3~2	1~0	
	10	线型和标注与图形的比例合理	5~4	3~2	1~0	

续表 6-5

项目	序号	评价内容	评分标准			得分
			很好	一般	较差	
软件操作（25%）	11	AutoCAD 软件绘图环境设置	5~4	3~2	1~0	
	12	AutoCAD 软件操作正确	5~4	3~2	1~0	
	13	AutoCAD 绘图命令执行方法正确	5~4	3~2	1~0	
	14	AutoCAD 快捷键的掌握	5~4	3~2	1~0	
	15	图形绘制方法正确	5~4	3~2	1~0	
职业素养（25%）	16	操作规范，遵守纪律	5~4	3~2	1~0	
	17	认真细致，精益求精	5~4	3~2	1~0	
	18	自主学习，解决问题	5~4	3~2	1~0	
	19	合作创新，团队精神	5~4	3~2	1~0	
	20	遵守 7S 管理制度	5~4	3~2	1~0	
总得分						

二、小组评价

将小组评价得分填入表 6-6。

表 6-6　小组评价表

学习任务名称：　　　　　　　　组名：　　　　　　　　汇报人：

序号	评价内容	评分标准			得分
		很好	一般	稍差	
1	汇报的图形是否符合机械制图标准	10~9	8~6	5~1	
2	介绍成果是否表达清晰	10~9	8~6	5~1	
3	介绍的绘图方法是否正确	10~9	8~6	5~1	
4	汇报成果专业术语是否表达正确	10~9	8~6	5~1	
5	汇报成果说话是否逻辑正确	10~9	8~6	5~1	
6	汇报人解答他组提问是否正确	10~9	8~6	5~1	
7	团队合作创新精神	10~9	8~6	5~1	
8	7S 工作要求	10~9	8~6	5~1	
9	计算机、打印机保养	10~9	8~6	5~1	
10	汇报展示的方式是否新颖（利用多媒体等手段）	10~9	8~6	5~1	
总评分					

三、教师评价

将教师评价得分填入表 6-7。

表 6-7 教师评价表

学习任务名称： 学生姓名： 学号：

序号	评价内容	评分标准			得分
		很好	一般	稍差	
1	成果质量	10~9	8~6	5~1	
2	服从管理	10~9	8~6	5~1	
3	协作精神	10~9	8~6	5~1	
4	规范意识	10~9	8~6	5~1	
5	纪律观念	10~9	8~6	5~1	
6	勇于表达	10~9	8~6	5~1	
7	质量意识	10~9	8~6	5~1	
8	工作态度	10~9	8~6	5~1	
9	反思总结	10~9	8~6	5~1	
10	自律自控	10~9	8~6	5~1	
总评分					

四、工作总结

1. 在完成任务六的工作过程中，你学到了哪些知识和技能？
2. 写一下任务六的工作总结（心得体会）。

五、学习任务六过程性考核

将本次任务的考核得分填入表 6-8。

表 6-8 学习任务六 过程性考核得分表

班级		组名		姓名		学号	
项目		自我评价		小组评价		教师评价	
单项得分							
占比		占总评 20%		占总评 30%		占总评 50%	
占比得分							
总得分							

任课教师： 年 月 日

拓展任务

蜗杆减速器箱体的绘制

一、工作情境描述

企业设计部接到一项任务：根据提供的蜗杆减速器箱体纸质图样（见图 6-15），用

AutoCAD 软件抄画图形。技术主管将抄画任务分配给绘图员，让他根据机械制图标准，应用 AutoCAD 软件抄画出蜗杆减速器箱体二维图，保存电子图形并打印出来。

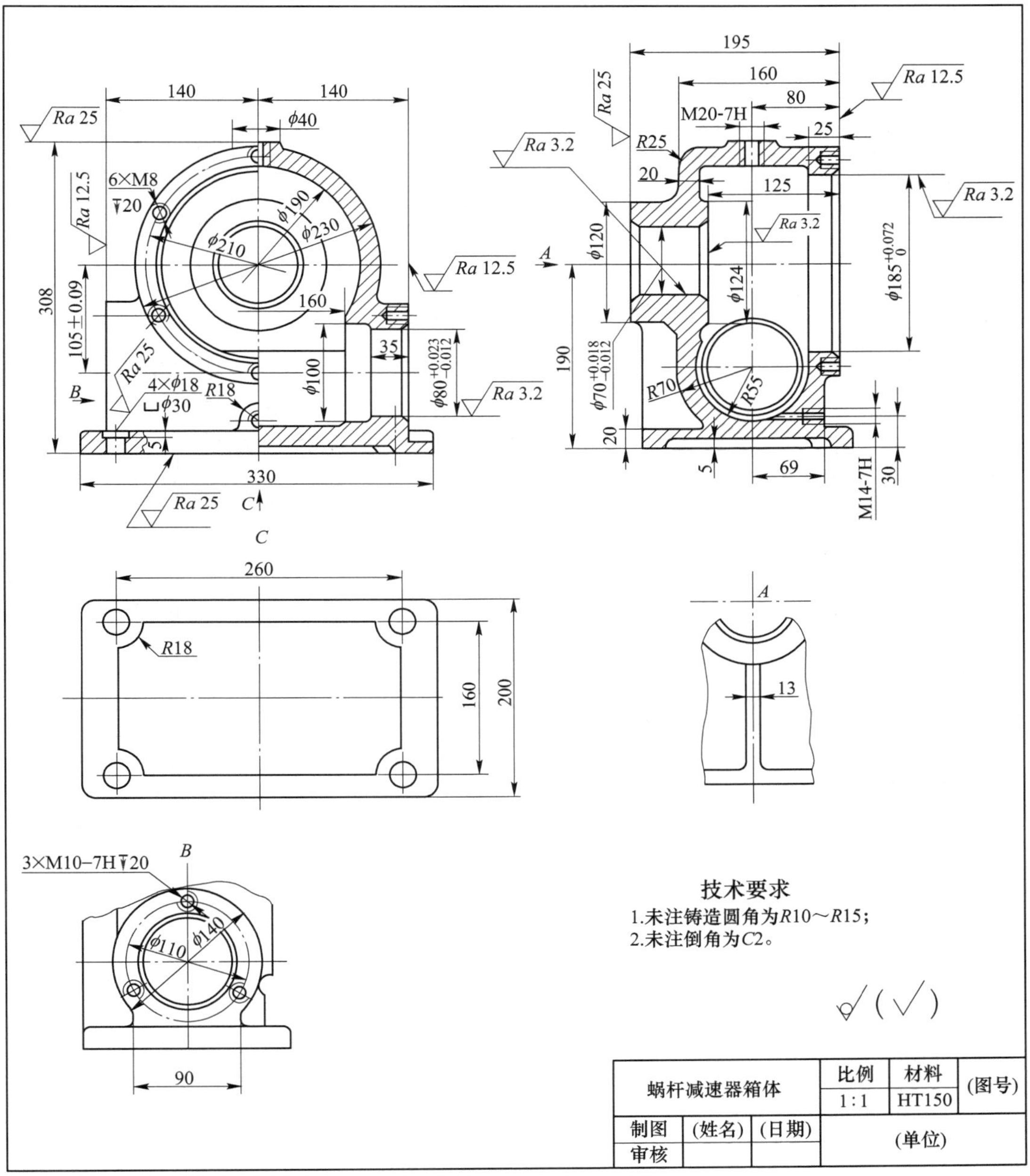

图 6-15　蜗杆减速器箱体图纸

二、评分标准

按表 6-9 中的评分标准进行自我评价。

表 6-9 蜗杆减速器箱体图纸绘制评分表

项目	序号	评价内容	评分标准			得分
			很好	一般	较差	
图形绘制（50%）	1	图幅、标题栏及图层合理、正确	5~4	3~2	1~0	
	2	文字样式、标注样式设置正确	5~4	3~2	1~0	
	3	平面图形布局合理	5~4	3~2	1~0	
	4	平面图形绘制完整、正确	5~4	3~2	1~0	
	5	尺寸标注完整、正确	5~4	3~2	1~0	
	6	几何公差及基准符号标注正确	5~4	3~2	1~0	
	7	表面粗糙度符号标注正确	5~4	3~2	1~0	
	8	剖面符号及标注正确	5~4	3~2	1~0	
	9	技术要求书写规范	5~4	3~2	1~0	
	10	线型和标注与图形的比例合理	5~4	3~2	1~0	
软件操作（25%）	11	AutoCAD 软件绘图环境设置	5~4	3~2	1~0	
	12	AutoCAD 软件操作正确	5~4	3~2	1~0	
	13	AutoCAD 绘图命令执行方法正确	5~4	3~2	1~0	
	14	AutoCAD 快捷键的掌握	5~4	3~2	1~0	
	15	图形绘制方法正确	5~4	3~2	1~0	
职业素养（25%）	16	操作规范，遵守纪律	5~4	3~2	1~0	
	17	认真细致，精益求精	5~4	3~2	1~0	
	18	自主学习，解决问题	5~4	3~2	1~0	
	19	合作创新，团队精神	5~4	3~2	1~0	
	20	遵守 7S 管理制度	5~4	3~2	1~0	
总得分						

学习任务七　球阀装配图的绘制

· 学习目标

1. 识读球阀各零件的图纸和球阀装配图，确定球阀各零件的装配关系。
2. 识读球阀各零件的图纸，确定各零件的结构及尺寸。
3. 确定绘制球阀装配图的方法与步骤。
4. 独立完成图层、线型、文字样式、标注样式等内容的设置。
5. 绘制球阀装配图的图框、标题栏和明细栏。
6. 应用“移动”“修剪”“删除”等命令绘制球阀装配图。
7. 根据国家标准，查表确定尺寸并绘制螺柱、垫圈、螺母等标准件。
8. 完成球阀装配图配合尺寸等必要尺寸的标注，以及技术要求的输入。
9. 应用“直线”“单行文字”等命令绘制球阀装配图的序号。
10. 正确填写标题栏及明细栏。
11. 正确完成图纸打印的设置，并打印出球阀装配图图纸。
12. 检测图纸质量，并对发现的问题进行修改。
13. 对自己所完成的工作成果进行展示，并进行分析说明。
14. 按“7S”管理要求对学习工作站进行正确的使用、维护和保养。
15. 服从安排，具备从业人员的责任感、团队沟通合作等职业素养。

· 建议学时

12 学时

· 工作情境描述

企业设计部接到一项任务：根据提供的球阀各组成零件图纸（见图 7-1～图 7-7）和球阀装配图图形（见图 7-8），用 AutoCAD 软件绘制球阀装配图。技术主管将绘图任务分配给绘图员，让他根据机械制图标准，应用 AutoCAD 软件绘制球阀装配图，保存电子图形并打印出来。

· 工作流程与活动

1. 球阀装配图的分析（2 学时）。

2. AutoCAD 软件的基本操作（2 学时）。
3. 球阀装配图的绘制与打印（4 学时）。
4. 图纸质量检测及问题分析（2 学时）。
5. 成果展示与评价考核（2 学时）。

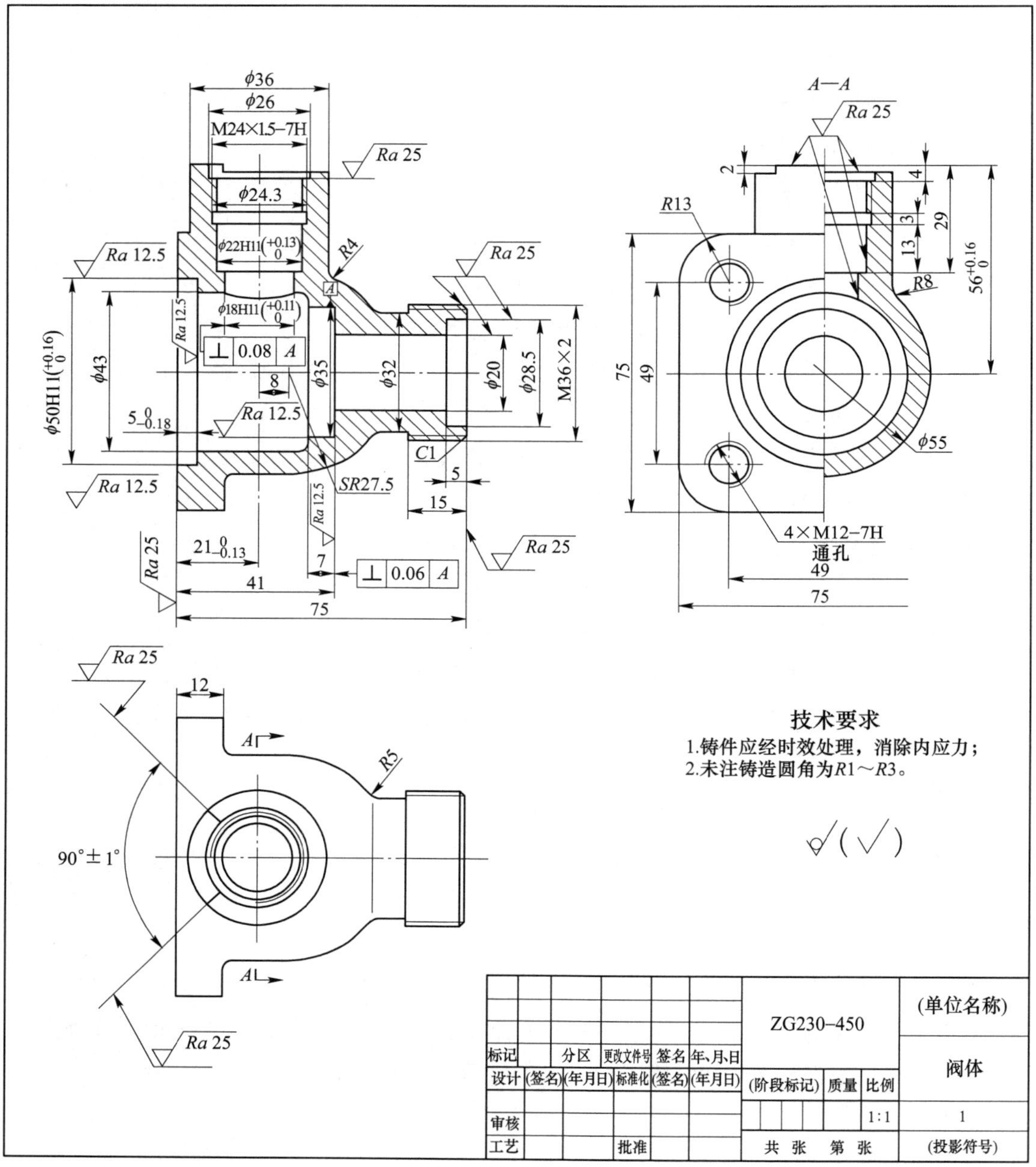

图 7-1　阀体

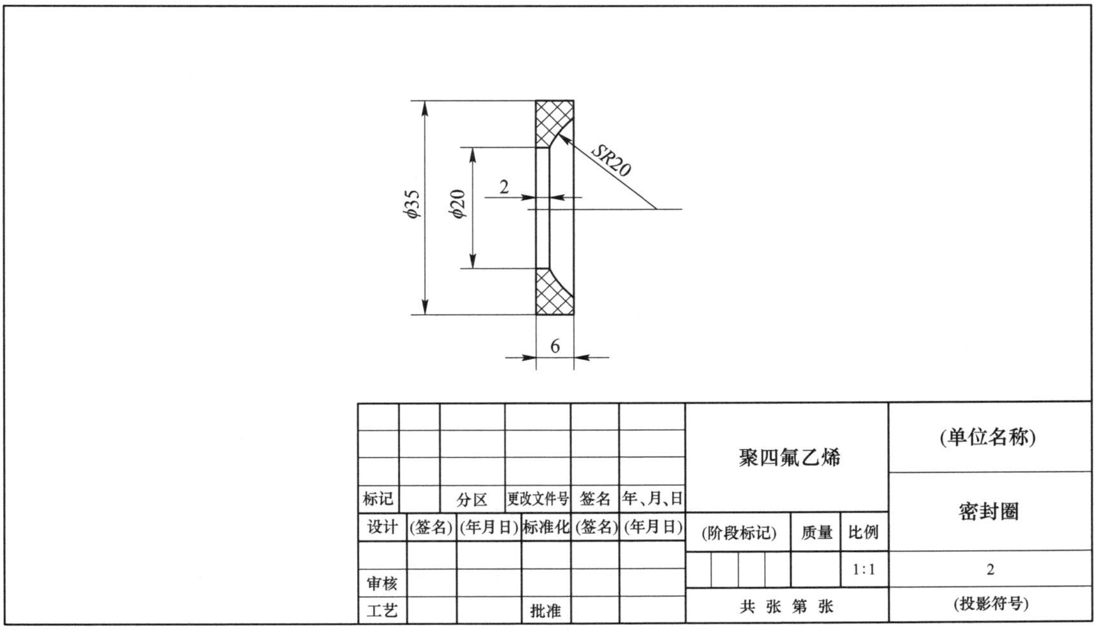

图 7-2　密封圈

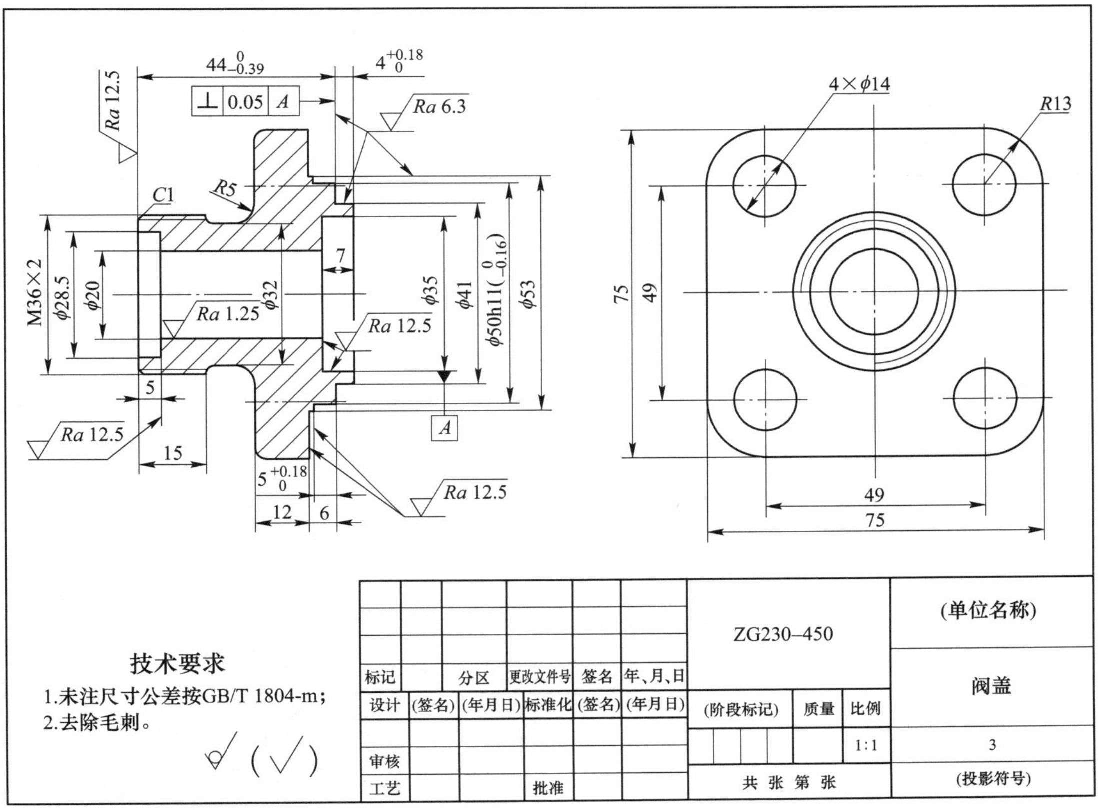

图 7-3　阀盖

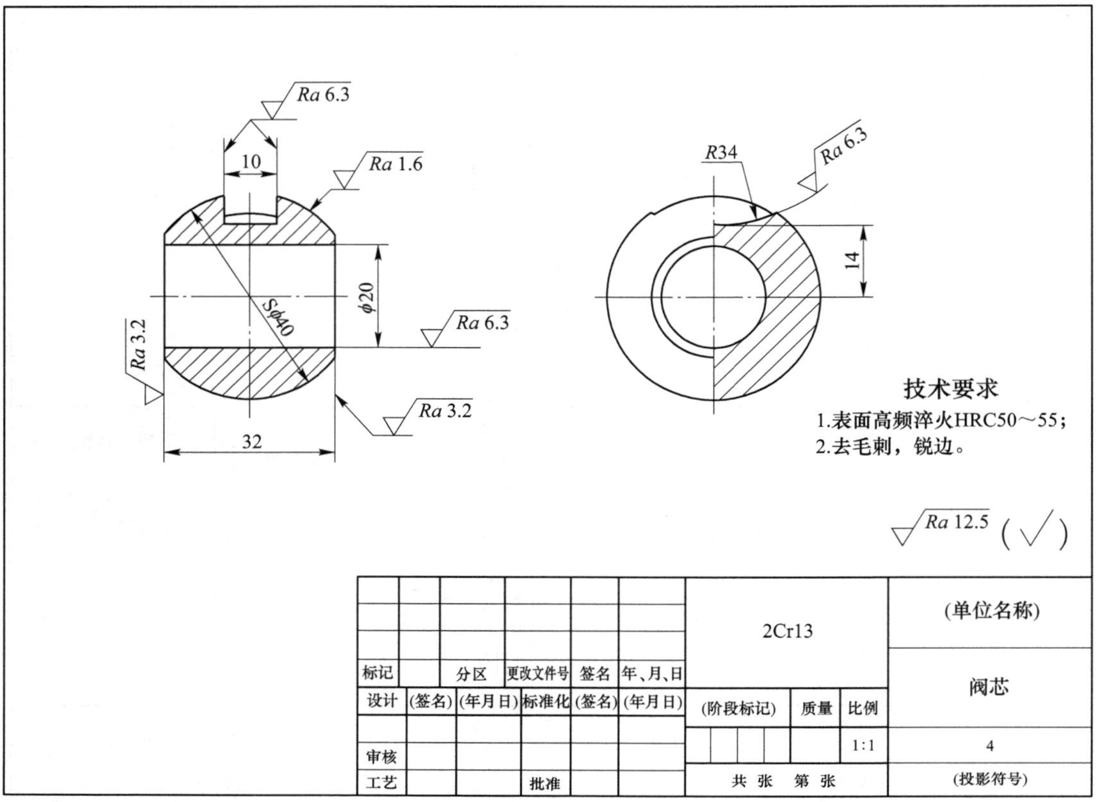
Ra 6.3
10
Ra 1.6
Sϕ40
ϕ20
Ra 6.3
Ra 3.2
Ra 3.2
32
R34
Ra 6.3
14
技术要求
1.表面高频淬火HRC50～55；
2.去毛刺，锐边。
Ra 12.5 (√)
2Cr13
(单位名称)
阀芯
标记 分区 更改文件号 签名 年、月、日
设计 (签名) (年月日) 标准化 (签名) (年月日)
(阶段标记) 质量 比例
1:1
4
审核
工艺 批准
共 张 第 张
(投影符号)

图 7-4 阀芯

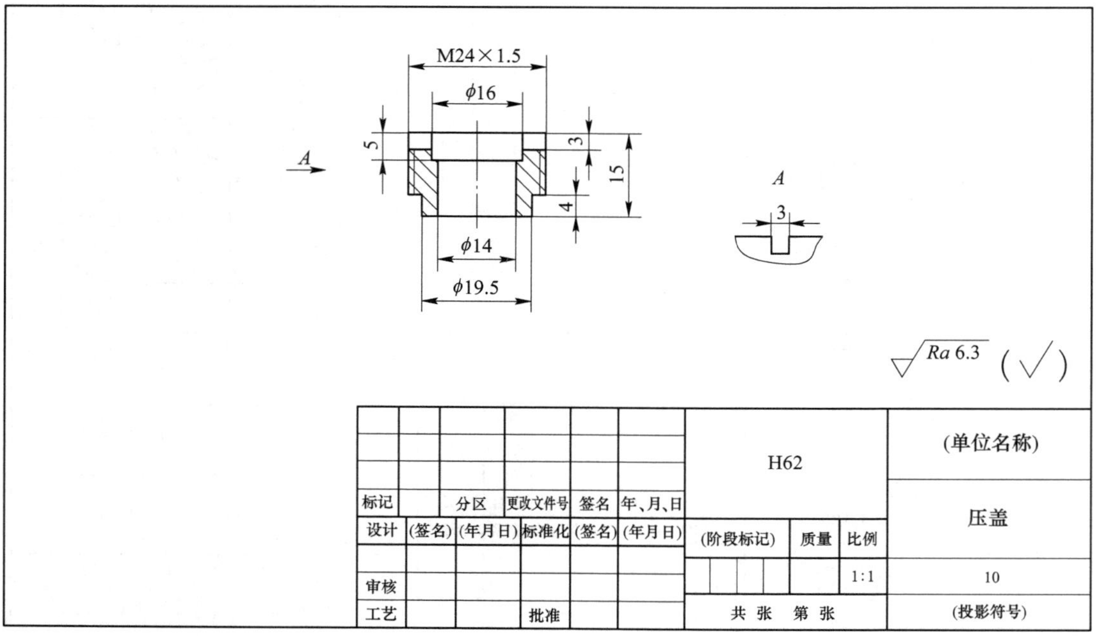
M24×1.5
ϕ16
A
5
3
15
4
ϕ14
ϕ19.5
A
3
Ra 6.3 (√)
H62
(单位名称)
压盖
标记 分区 更改文件号 签名 年、月、日
设计 (签名) (年月日) 标准化 (签名) (年月日)
(阶段标记) 质量 比例
1:1
10
审核
工艺 批准
共 张 第 张
(投影符号)

图 7-5 压盖

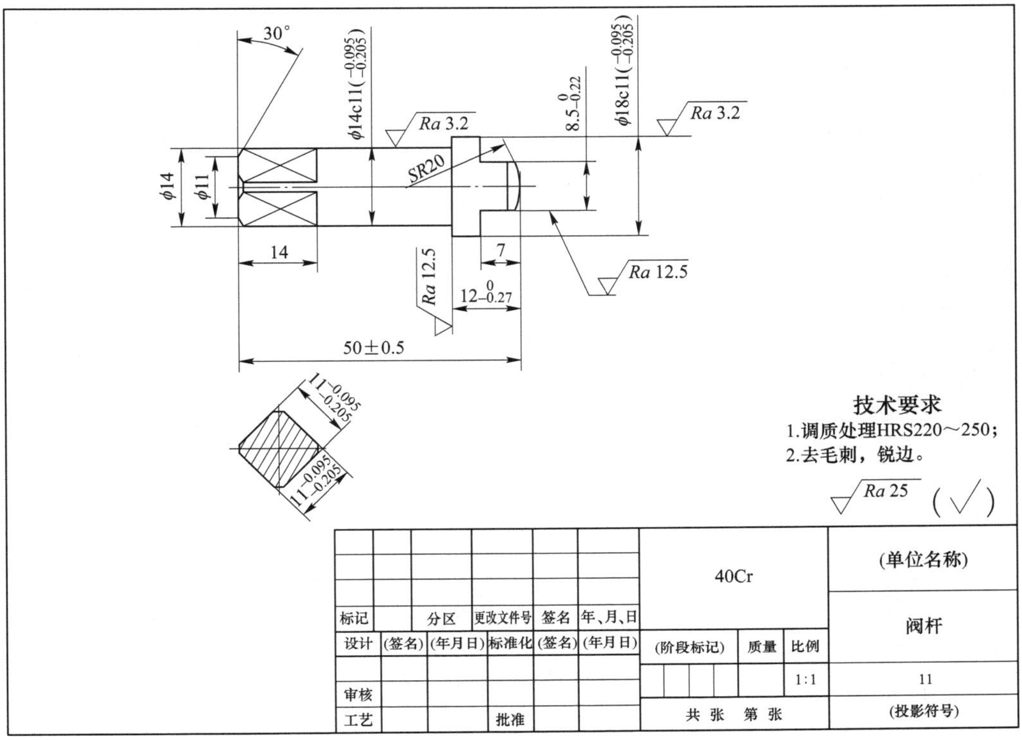

30°
φ14c11($^{-0.095}_{-0.205}$)
φ18c11($^{-0.095}_{-0.205}$)
8.5$^{0}_{-0.22}$
Ra 3.2
Ra 3.2
SR20
φ14
φ11
14
7
Ra 12.5
Ra 12.5
12$^{0}_{-0.27}$
50±0.5
11$^{-0.095}_{-0.205}$
11$^{-0.095}_{-0.205}$
技术要求
1.调质处理HRS220～250；
2.去毛刺，锐边。
Ra 25 (√)
40Cr
(单位名称)
阀杆
标记 分区 更改文件号 签名 年、月、日
设计 (签名) (年月日) 标准化 (签名) (年月日)
(阶段标记) 质量 比例
1:1
11
审核
工艺 批准
共 张 第 张
(投影符号)

图 7-6　阀杆

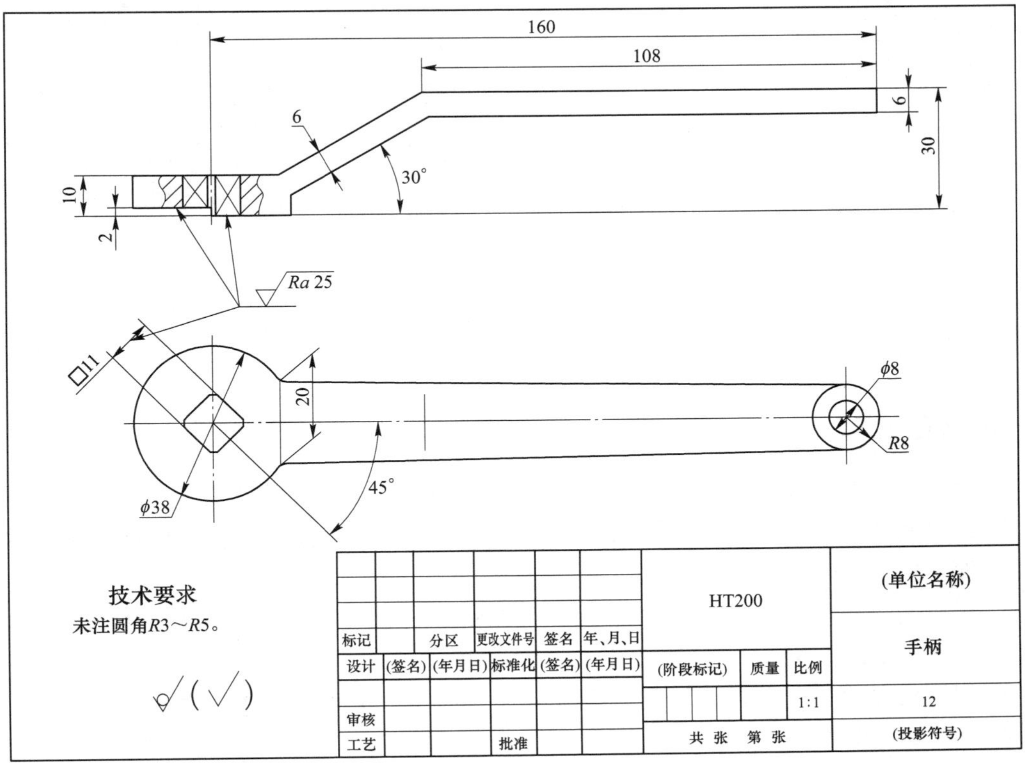

160
108
6
6
30
30°
10
2
Ra 25
□11
20
φ8
R8
φ38
45°
技术要求
未注圆角R3～R5。
(√)
HT200
(单位名称)
手柄
标记 分区 更改文件号 签名 年、月、日
设计 (签名) (年月日) 标准化 (签名) (年月日)
(阶段标记) 质量 比例
1:1
12
审核
工艺 批准
共 张 第 张
(投影符号)

图 7-7　手柄

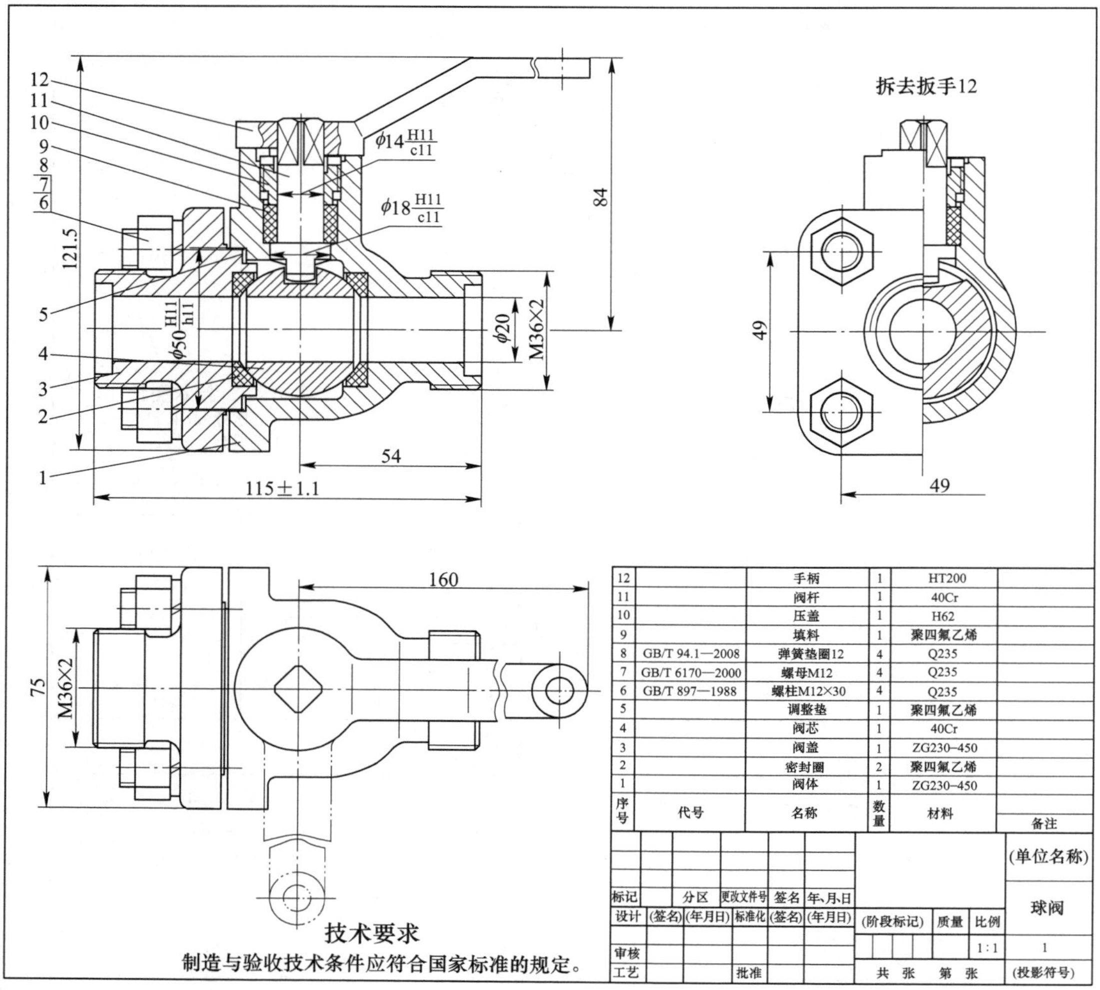

序号	代号	名称	数量	材料	备注
12		手柄	1	HT200	
11		阀杆	1	40Cr	
10		压盖	1	H62	
9		填料	1	聚四氟乙烯	
8	GB/T 94.1—2008	弹簧垫圈12	4	Q235	
7	GB/T 6170—2000	螺母M12	4	Q235	
6	GB/T 897—1988	螺柱M12×30	4	Q235	
5		调整垫	1	聚四氟乙烯	
4		阀芯	1	40Cr	
3		阀盖	1	ZG230–450	
2		密封圈	2	聚四氟乙烯	
1		阀体	1	ZG230–450	

图 7-8 球阀装配图

学习活动一 球阀装配图的分析

学习目标

1. 识读球阀各零件的图纸和球阀装配图，确定球阀各零件的装配关系。

2. 识读阀体的图纸，确定阀体的结构形状、尺寸、几何公差和表面质量要求，并确定其绘图方法和步骤。

3. 识读密封圈的图纸，确定密封圈的结构形状、尺寸、几何公差和表面质量要求，并确定其绘图方法和步骤。

4. 识读阀盖的图纸，确定阀盖的结构形状、尺寸、几何公差和表面质量要求，并确定其绘图方法和步骤。

5. 识读阀芯的图纸，确定阀芯的结构形状、尺寸、几何公差和表面质量要求，并确定其绘图方法和步骤。

6. 识读压盖的图纸，确定压盖的结构形状、尺寸、几何公差和表面质量要求，并确定其绘图方法和步骤。

7. 识读阀杆的图纸，确定阀杆的结构形状、尺寸、几何公差和表面质量要求，并确定其绘图方法和步骤。

8. 识读手柄的图纸，确定手柄的结构形状、尺寸、几何公差和表面质量要求，并确定其绘图方法和步骤。

9. 识读球阀装配图，确定装配图所需的标准件。

10. 确定绘制球阀装配图的方法与步骤。

11. 与技术主管沟通，确定绘制球阀装配图所用到的 AutoCAD 命令。

建议学时

2 学时

学习过程

一、接受任务

听技术主管描述本次绘图任务，正确填写任务记录单（见表 7-1）。

表 7-1　任务记录单

部门名称			出图数量		
任务名称			预交付时间		年　月　日
下单人		年　月　日	接单人		年　月　日
制图		年　月　日	审核		年　月　日
批准		年　月　日	交付人		年　月　日

二、识读球阀装配图

1. 球阀装配图的绘图比例为多少？装配图中都有哪些零件？
2. 球阀装配图采用几个视图来表达？都采用了什么表达方法？
3. 球阀装配图中哪些位置有配合要求？其配合尺寸是多少？
4. 写出球阀的工作原理。
5. 写出阀体各零件的组合关系及装配顺序。

三、识读球阀主要零件图纸

（一）识读阀体图纸

（1）阀体是由什么材料制造的？采用的比例是多少？采用何种图纸幅面比较合适？

（2）阀体图纸采用几个视图来表达零件的形状和结构？分别是什么图？采用了什么画法？

（3）阀体零件的结构特征是什么？

（4）写出绘制阀体零件图的方法与步骤。

（二）识读密封圈图纸

（1）密封圈是由什么材料制造的？采用的比例是多少？采用何种图纸幅面比较合适？

（2）密封圈图纸采用几个视图来表达零件的形状和结构？分别是什么图？采用了什么画法？

（3）密封圈零件的结构特征是什么？

（4）写出绘制密封圈零件图的方法与步骤。

（三）识读阀盖图纸

（1）阀盖是由什么材料制造的？采用的比例是多少？采用何种图纸幅面比较合适？

（2）阀盖图纸采用几个视图来表达零件的形状和结构？分别是什么图？采用了什么画法？

（3）阀盖零件的结构特征是什么？

（4）写出绘制阀盖零件图的方法与步骤。

（四）识读阀芯图纸

（1）阀芯是由什么材料制造的？采用的比例是多少？采用何种图纸幅面比较合适？

（2）阀芯图纸采用几个视图来表达零件的形状和结构？分别是什么图？采用了什么画法？

（3）阀芯零件的结构特征是什么？

（4）写出绘制阀芯零件图的方法与步骤。

（五）识读压盖图纸

（1）压盖是由什么材料制造的？采用的比例是多少？采用何种图纸幅面比较合适？

（2）压盖图纸采用几个视图来表达零件的形状和结构？分别是什么图？采用了什么画法？

（3）压盖零件的结构特征是什么？

（4）写出绘制压盖零件图的方法与步骤。

（六）识读阀杆图纸

（1）阀杆是由什么材料制造的？采用的比例是多少？采用何种图纸幅面比较合适？

（2）阀杆图纸采用几个视图来表达零件的形状和结构？分别是什么图？采用了什么画法？

（3）阀杆零件的结构特征是什么？

（4）写出绘制阀杆零件图的方法与步骤。

（七）识读手柄图纸

（1）手柄是由什么材料制造的？采用的比例是多少？采用何种图纸幅面比较合适？

（2）手柄图纸采用几个视图来表达零件的形状和结构？分别是什么图？采用了什么画法？

（3）手柄零件的结构特征是什么？

（4）写出绘制手柄零件图的方法与步骤。

四、查国家标准确定标准件的规格尺寸

1. 查阅《机械制图》教材，确定双头螺柱的规格尺寸。
2. 查阅《机械制图》教材，确定螺母的规格尺寸。
3. 查阅《机械制图》教材，确定弹簧垫圈的规格尺寸。

五、确定球阀装配的绘图方法与步骤

1. 装配图的作用是什么？
2. 确定国家标准中明细栏的规格尺寸。
3. 装配图应该标注哪些必要尺寸？
4. 球阀装配图的绘图方法与步骤是哪些？

学习活动二　AutoCAD 软件的基本操作

学习目标

1. 应用“正多边形”命令绘制正多边形。
2. 按国家标准规定，绘制装配图的标题栏和明细栏。
3. 按国家标准规定，查表确定双头螺柱的规格尺寸，并画出其二维图形。
4. 按国家标准规定，查表确定螺母的规格尺寸，并画出其二维图形。
5. 按国家标准规定，查表确定弹簧垫圈的规格尺寸，并画出其二维图形。
6. 按“7S”管理要求对学习工作站进行正确的使用、维护和保养。

建议学时

2 学时

学习过程

一、正多边形

“正多边形”命令用于绘制正多边形，多边形的边数可以为 3~1024。在绘制正多边形的过程中，可以通过指定多边形边长值或指定多边形中心点及其与圆的相切（接）这两种方式来进行绘制。在实际绘图过程中，应根据实际情况选择相应的方式。

1.“正多边形”命令的启动方式有哪些？

2.“正多边形”命令选项如下：

（1）边（E）：输入多边形边数后，再指定某条边的两个端点即可绘出多边形。

（2）内接于圆（I）：根据外接圆生成正多边形。

（3）外切于圆（C）：根据内切圆生成正多边形。

3. 应用“正多边形”命令，绘制图 7-9 的图形。

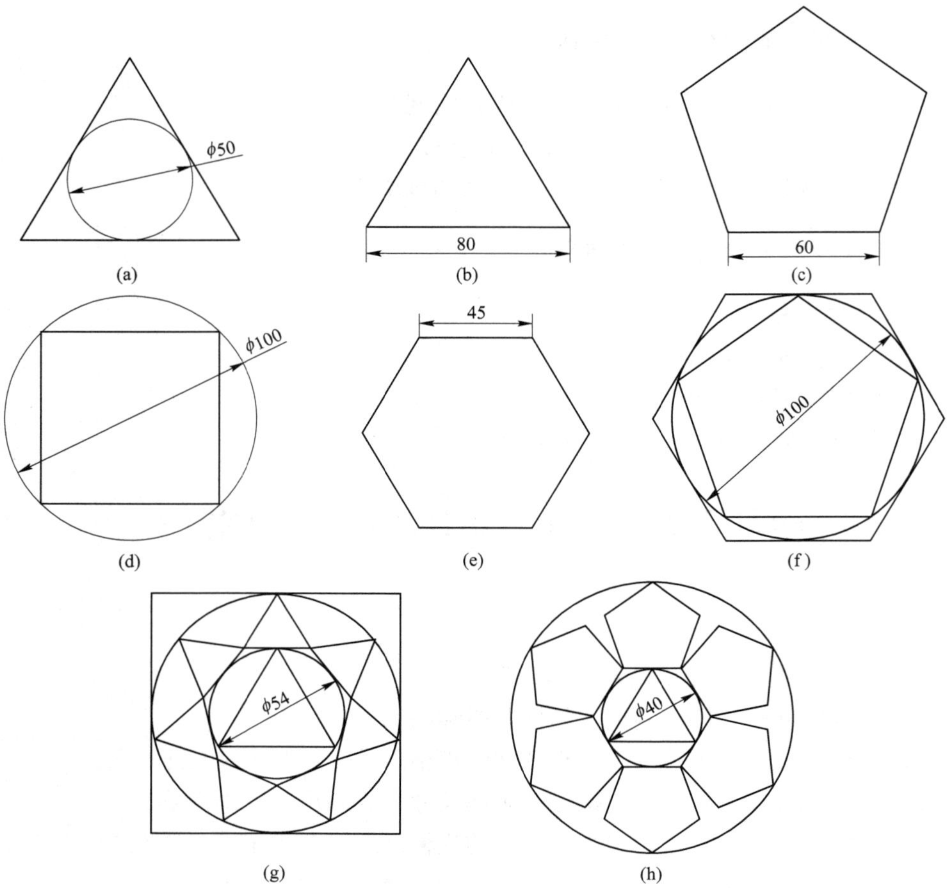

图 7-9 绘制正多边形

二、装配图明细栏的绘制

装配图明细栏的绘制要严格遵守《技术制图 明细栏》(GB/T 10609.2—2009) 中对装配图明细栏的格式及尺寸的规定。

1. 明细栏的填写如下:

(1) 序号:填写图样中相应组成部分的序号;

(2) 代号:填写图样中相应组成部分的图样代号或标准号;

(3) 名称:填写图样中相应组成部分的名称。必要时,也可写出其型式与尺寸;

(4) 数量:填写图样中相应组成部分在装配中所需要的数量;

(5) 材料:填写图样中相应组成部分的材料标记;

(6) 质量:填写图样中相应组成部分单件和总件数的计算质量,以千克(kg)为计量单位时,允许不写出其计量单位;

(7) 备注:填写该项的附加说明或其它有关的内容,如“外购”“无图”或分区代号等。

2. 标题栏和明细栏的绘制。应用“直线”“偏移”“多行文字”等命令绘制装配图的标题栏和明细栏,如图 7-10 所示。

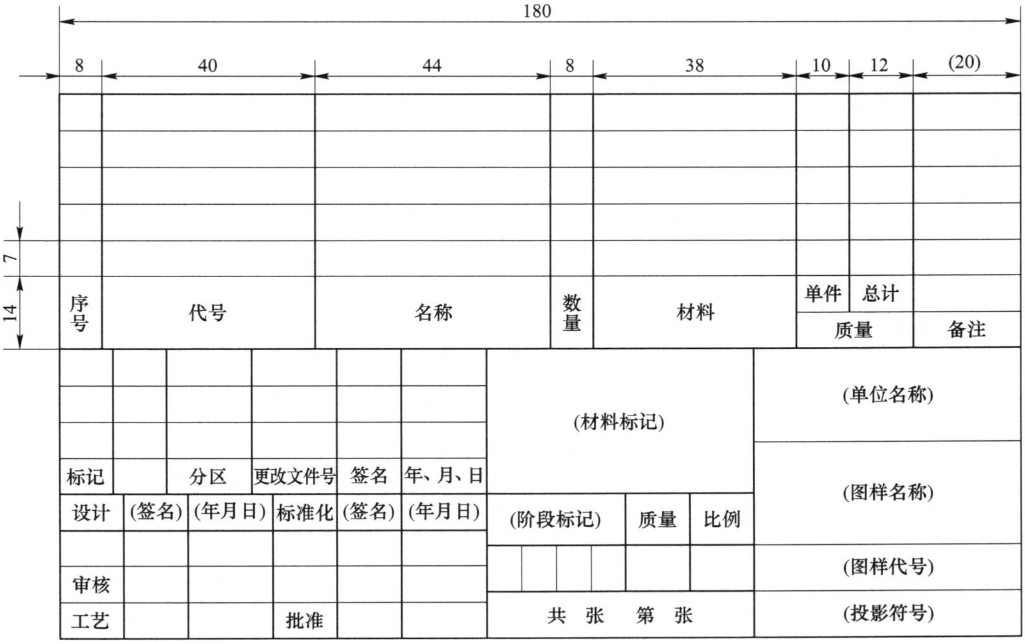

图 7-10　绘制标题栏和明细栏

三、绘制标准件

1. 依据《双头螺柱 $b_m=1d$》（GB/T 897—1988）绘制双头螺柱（M12×30）二维图。

2. 依据《1 型六角螺母》（GB/T 6170—2015）绘制螺母（M12）二维图。

3. 依据《弹性垫圈技术条件　弹簧垫圈》（GB/T 94.1—2008）绘制弹簧垫圈（12）二维图。

学习活动三　球阀装配图的绘制与打印

学习目标

1. 绘制球阀装配图的图框和标题栏。
2. 根据球阀装配图所用线型新建图层。
3. 正确应用“移动”“修剪”“删除”“正多边形”等命令绘制图形。
4. 正确标注球阀装配图的必要尺寸。
5. 正确标注球阀装配图的序号。
6. 正确绘制并填写球阀装配图的明细栏。
7. 正确应用“多行文字”命令标注球阀装配图的技术要求。
8. 正确完成图纸打印的设置，并能打印球阀装配图图纸。

建议学时

4 学时

学习过程

一、绘图准备

工具：AutoCAD 绘图软件。
材料：球阀装配图及主要零件的二维图形。
设备：计算机、打印机。
资料：工作页。

二、绘图过程

1. 新建图层。启动 AutoCAD 绘图软件，根据球阀装配图，新建六个图层，见表 7-2。

表 7-2 图层设置

图层名称	颜色	线型	线宽
粗实线层	白色（7）	Continuous	0. 5 mm
细实线层	蓝色（5）	Continuous	0. 25 mm
中心线层	红色（1）	CENTER	0. 25 mm
虚线层	洋红（6）	DASHED	0. 25 mm
尺寸线层	绿色（3）	Continuous	0. 25 mm
文字层	绿色（3）	Continuous	0. 25 mm

2. 确定绘图比例。根据球阀装配图的轮廓尺寸，采用 1∶1 的绘图比例绘制在 A3 图纸上。

3. 绘制 A3 图框和标题栏。

4. 移入阀体图形。应用“移动”命令，将阀体图形移动到 A3 图框中，如图 7-11 所示。

5. 移入阀盖图形过程如下：

（1）应用“移动”命令，将阀盖图形移动到 A3 图框中与阀体配合，如图 7-12 所示。

（2）应用“修剪”“删除”“合并”等命令，将图 7-12 修改成图 7-13。

6. 移入阀芯图形过程如下：

（1）应用“移动”命令，将阀芯图形移动到 A3 图框中与阀体配合，如图 7-14 所示。

（2）应用“修剪”“删除”等命令，将图 7-14 修改成图 7-15。

7. 移入密封圈图形过程如下：

（1）应用“移动”命令，将密封圈移动到 A3 图框中与阀体、阀盖配合，如图 7-16 所示。

（2）应用“修剪”“删除”等命令，将图 7-16 修改成图 7-17。

8. 移入阀杆图形过程如下：

（1）应用“移动”命令，将阀杆移动到 A3 图框中与阀体、阀芯配合，如图 7-18 所示。

（2）应用“修剪”“删除”等命令，将图 7-18 修改成图 7-19。

9. 移入压盖图形过程如下：

（1）应用“移动”命令，将压盖移动到 A3 图框中与阀体、阀杆配合，如图 7-20 所示。

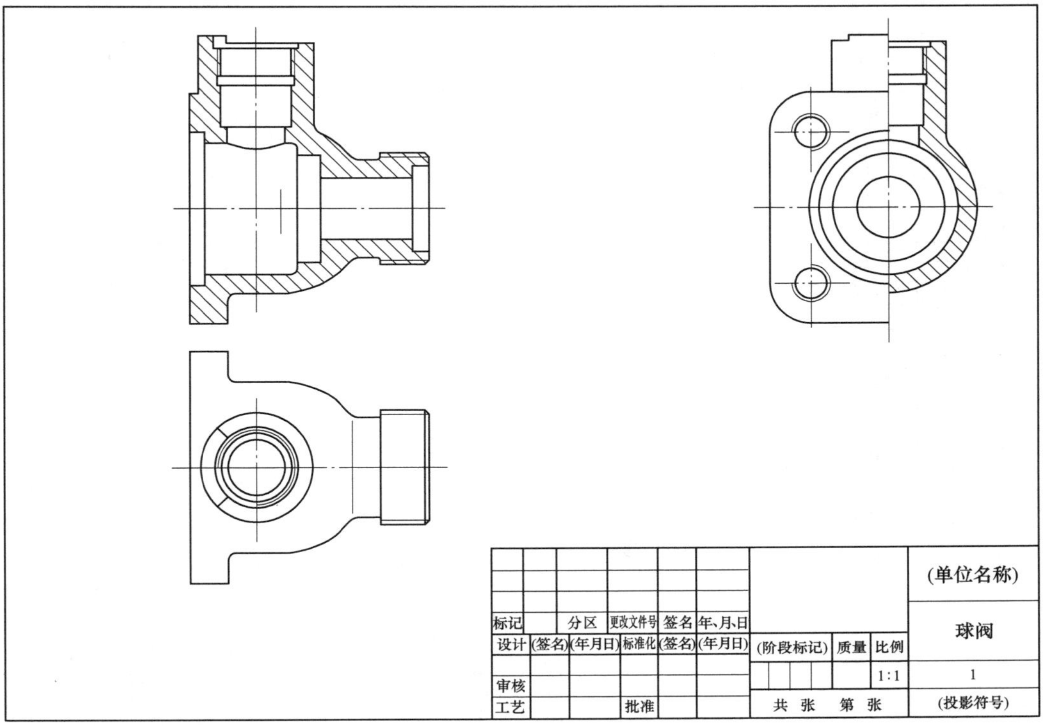

图 7-11 移入阀体

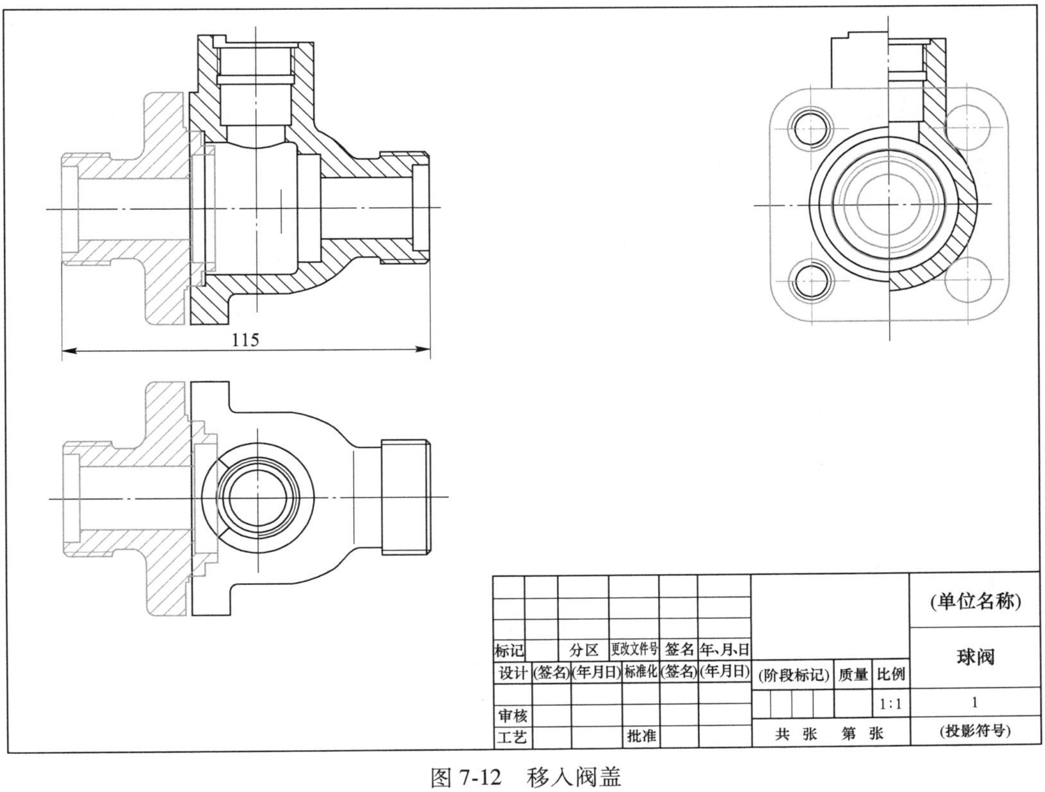

图 7-12 移入阀盖

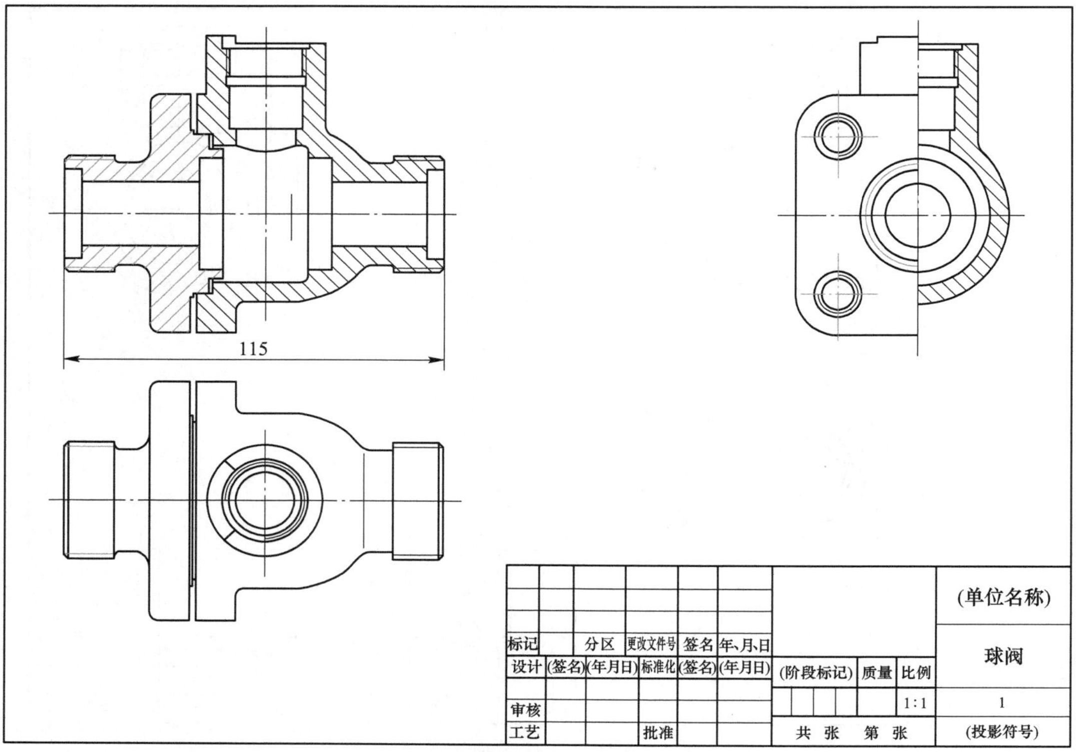

图 7-13 图形修改

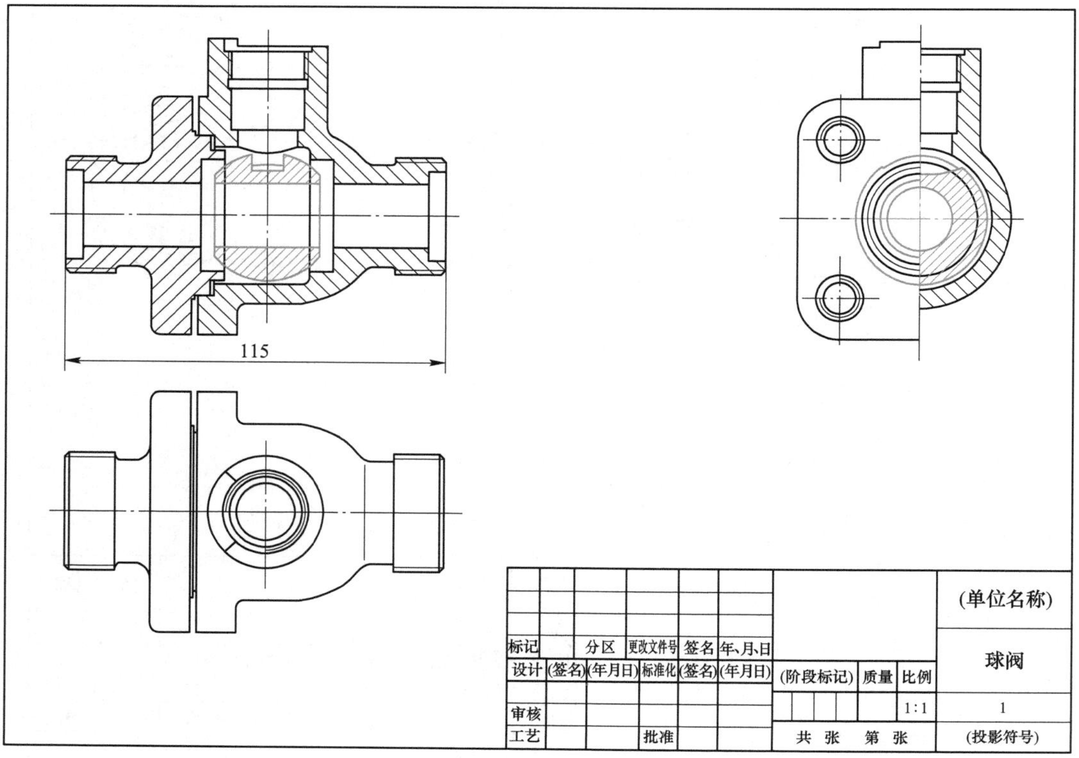

图 7-14 移入阀芯

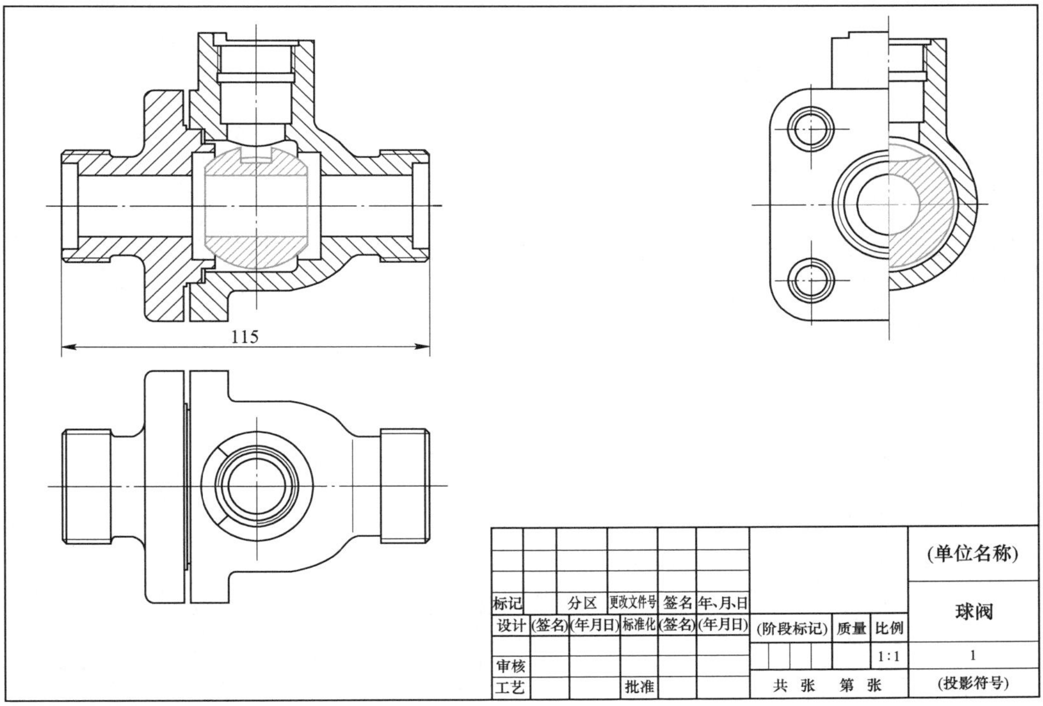

图 7-15　图形修改

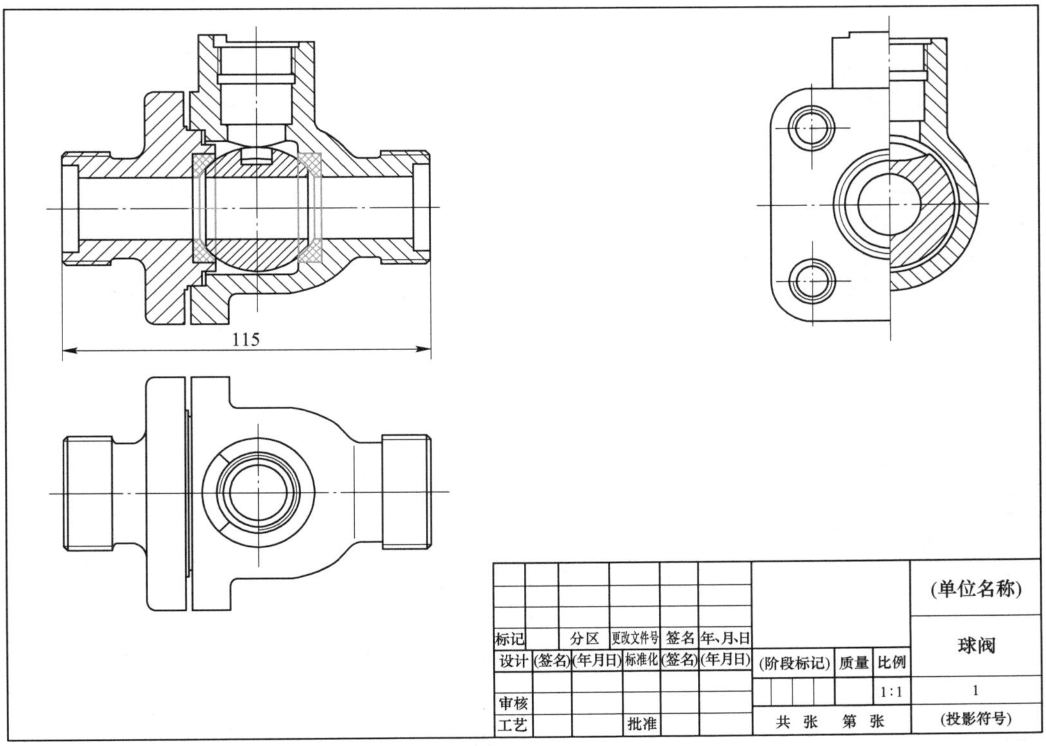

图 7-16　移入密封圈

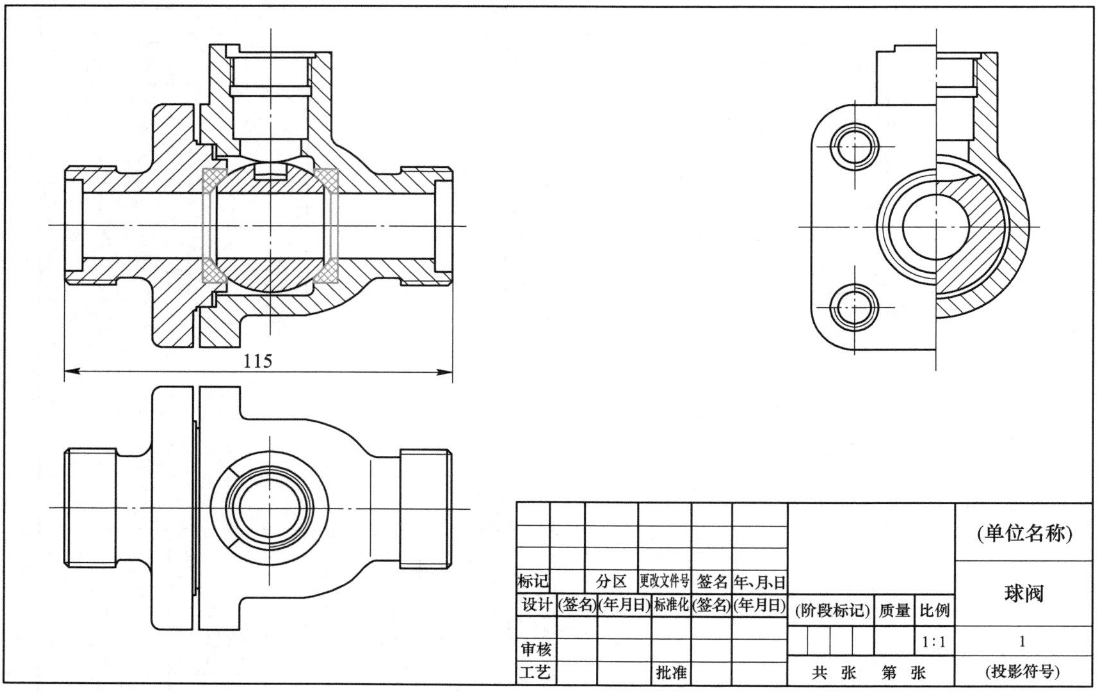

图 7-17 图形修改

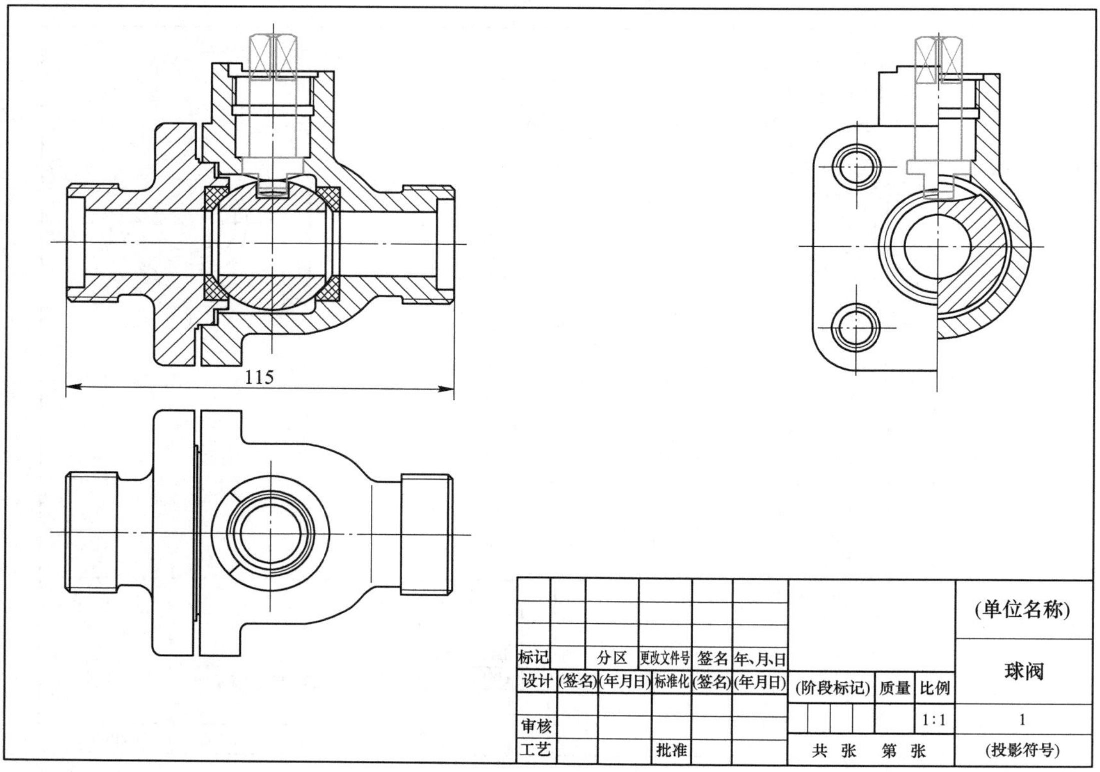

图 7-18 移入阀杆

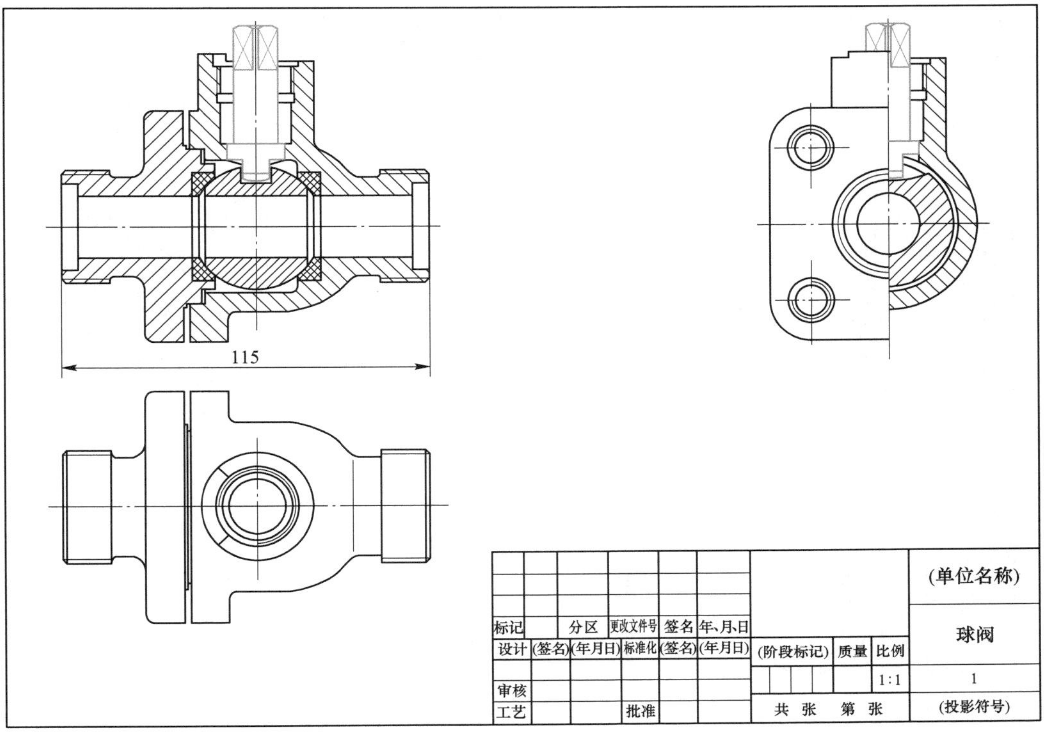

图 7-19　图形修改

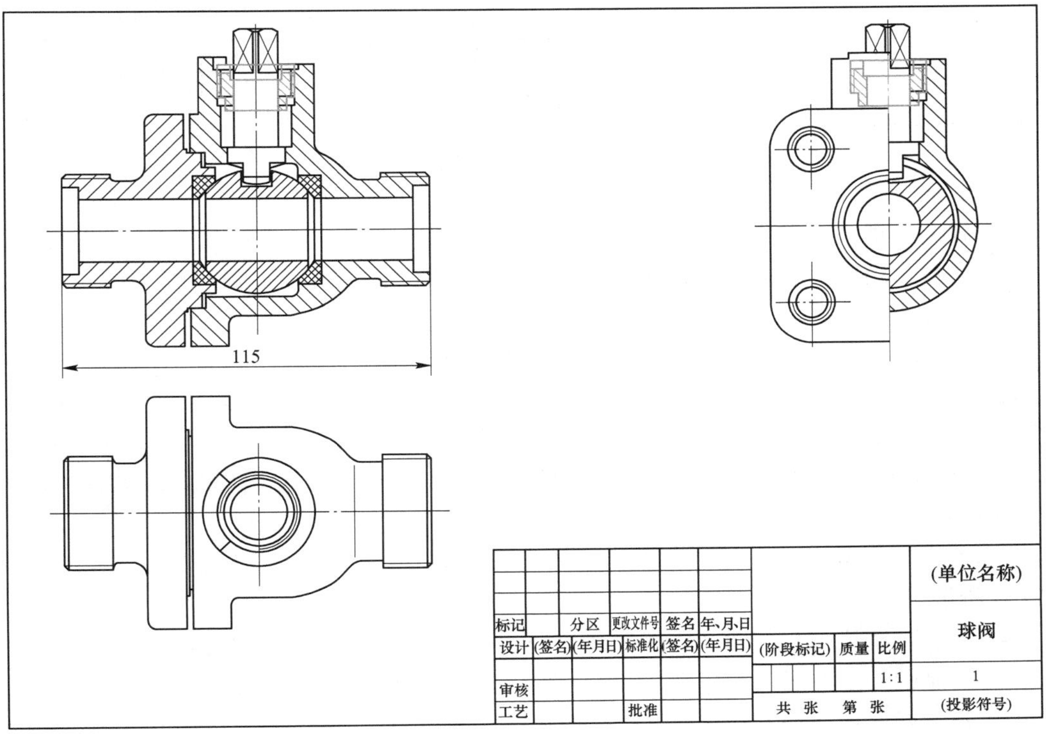

图 7-20　移入压盖

（2）应用“修剪”“删除”等命令，将图 7-20 修改成图 7-21。

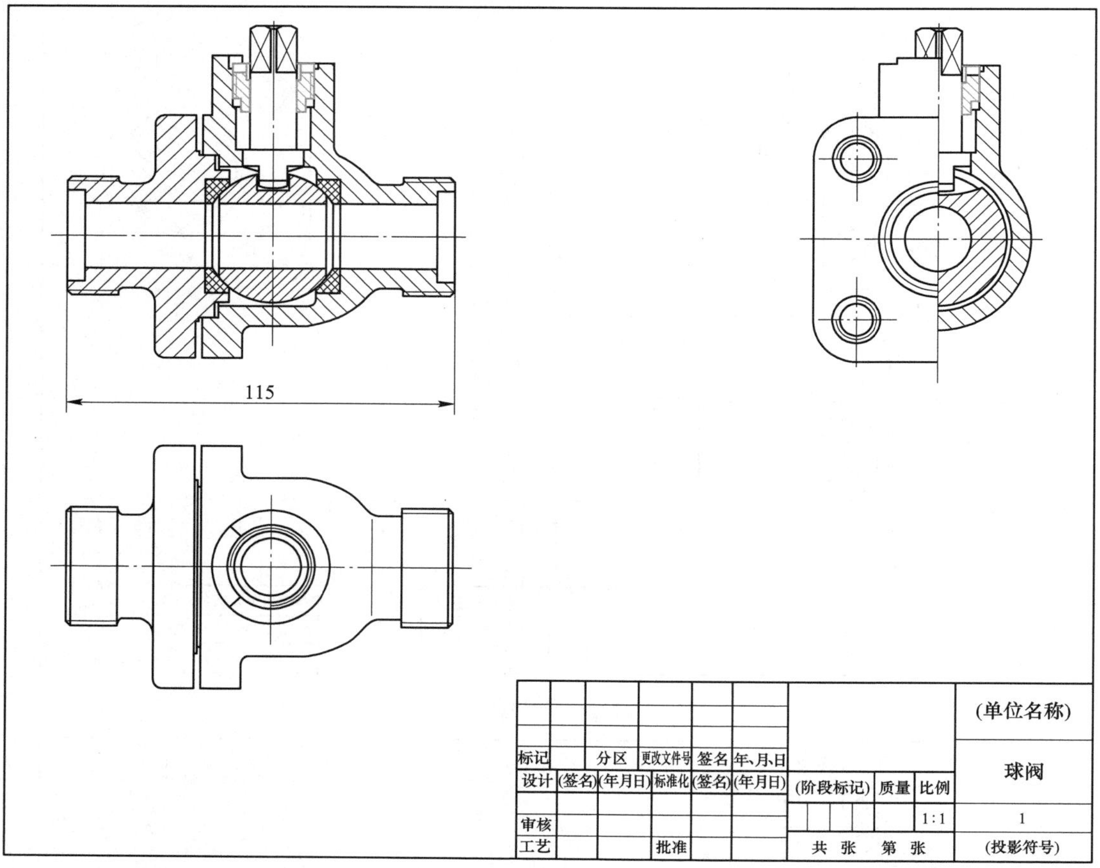

图 7-21 图形修改

10. 移入手柄图形过程如下：

（1）应用“移动”命令，将手柄移动到 A3 图框中与阀体、阀杆配合，如图 7-22 所示。

（2）应用“修剪”“删除”等命令，将图 7-22 修改成图 7-23。

11. 绘制手柄断开画法及手柄极限位置轮廓。应用“打断”“样条曲线”“旋转”等命令，绘制手柄断开画法及手柄极限位置轮廓，如图 7-24 所示。

12. 绘制调整垫和填料。应用“图案填充”等命令，绘制调整垫和填料，如图 7-25 所示。

13. 绘制双头螺柱。应用“直线”“偏移”“修剪”等命令，绘制调双头螺柱，如图 7-26 所示。

14. 绘制弹簧垫圈。应用“直线”等命令，绘制弹簧垫圈，如图 7-27 所示。

15. 绘制螺母。应用“直线”“偏移”等命令，绘制螺母，如图 7-28 所示。

16. 标注必要尺寸和书写技术要求。应用“线性尺寸”“分解”“多行文字”等命令，标注必要尺寸和书写技术要求，如图 7-29 所示。

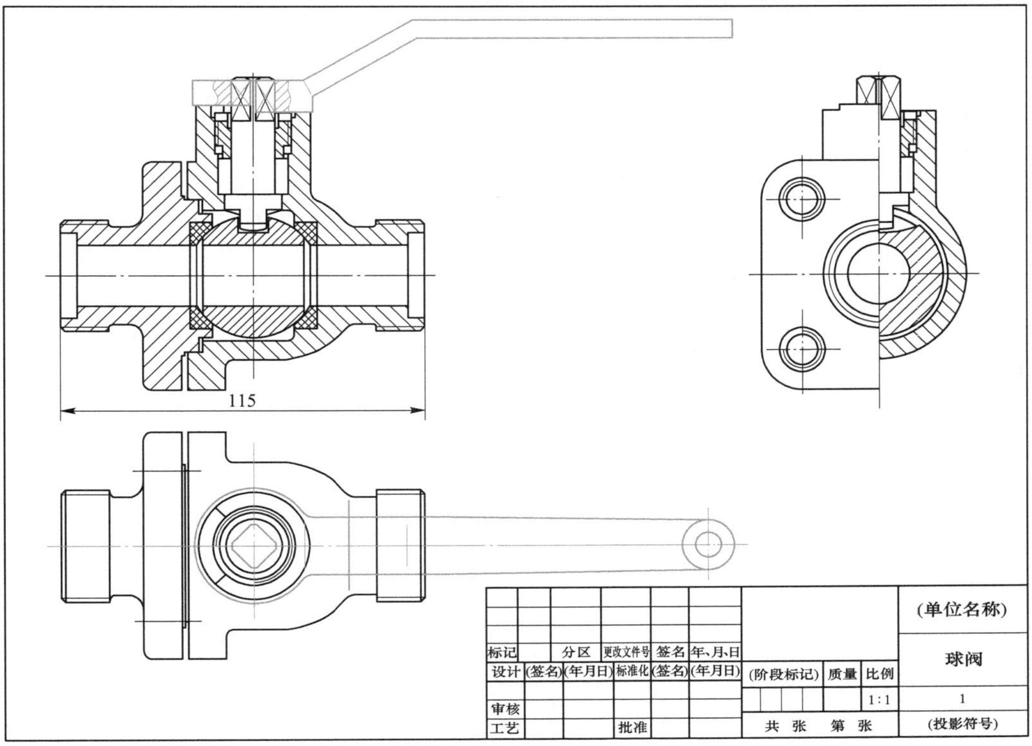

图 7-22　移入手柄

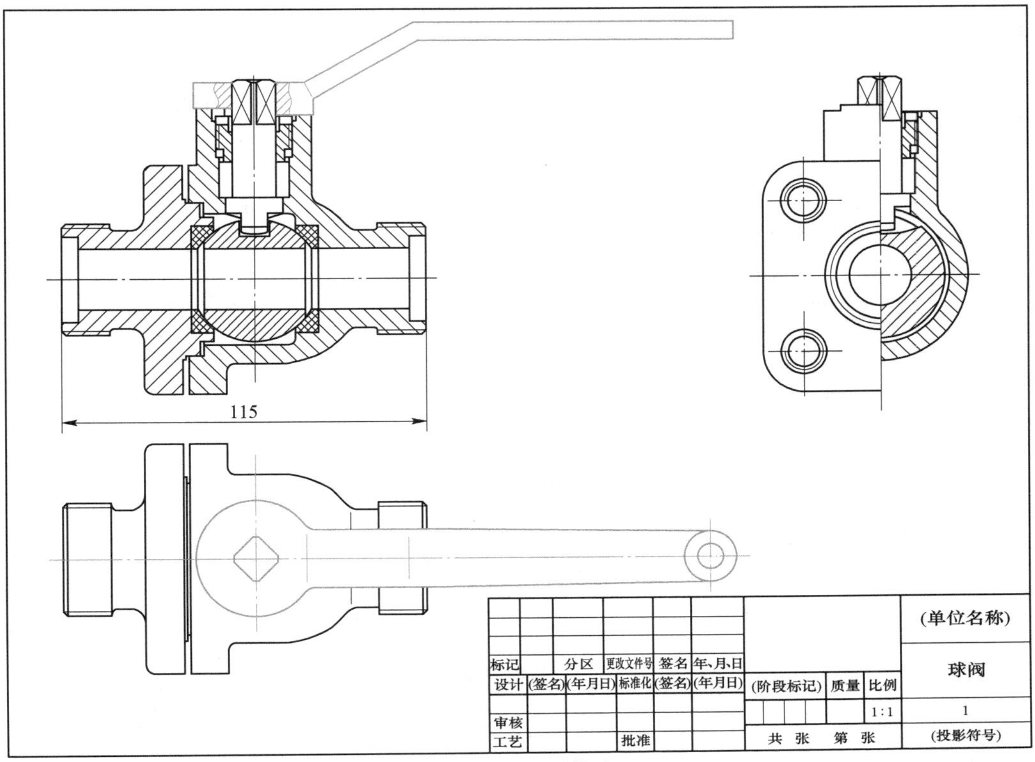

图 7-23　图形修改

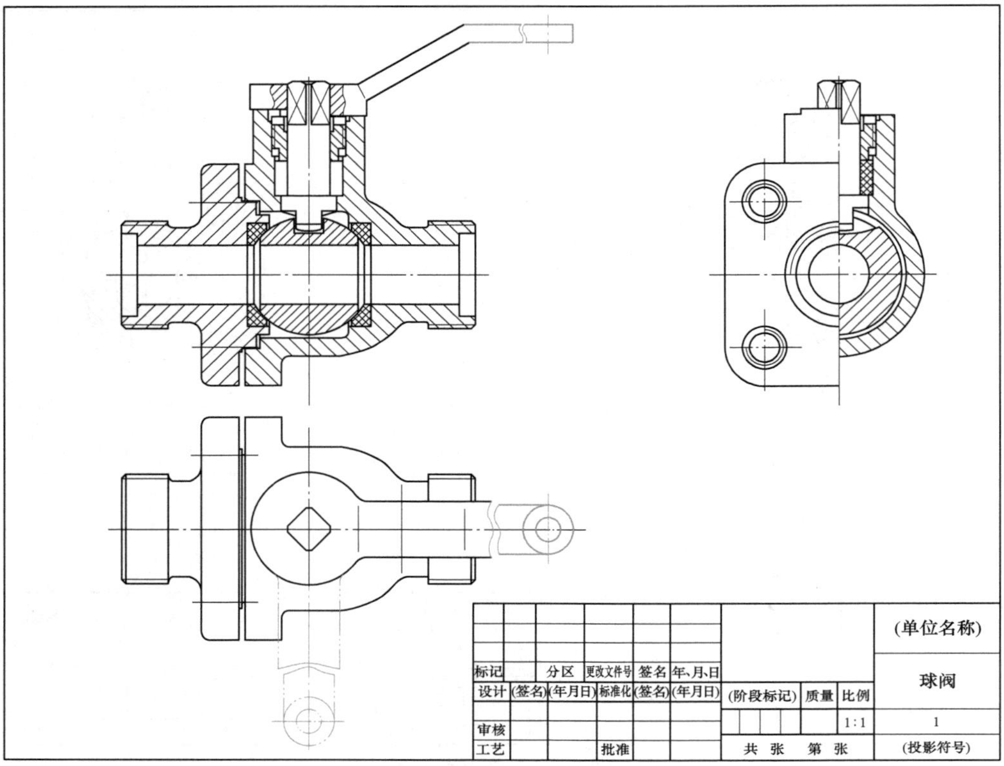

图 7-24 绘制手柄断开画法及手柄极限位置轮廓

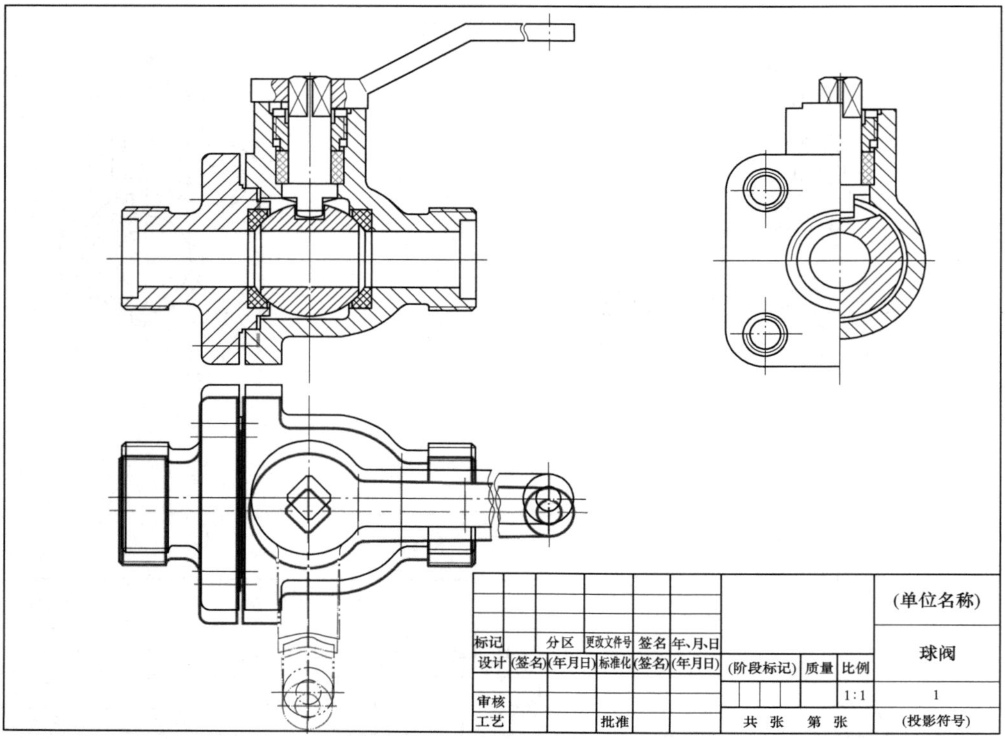

图 7-25 绘制调整垫和填料

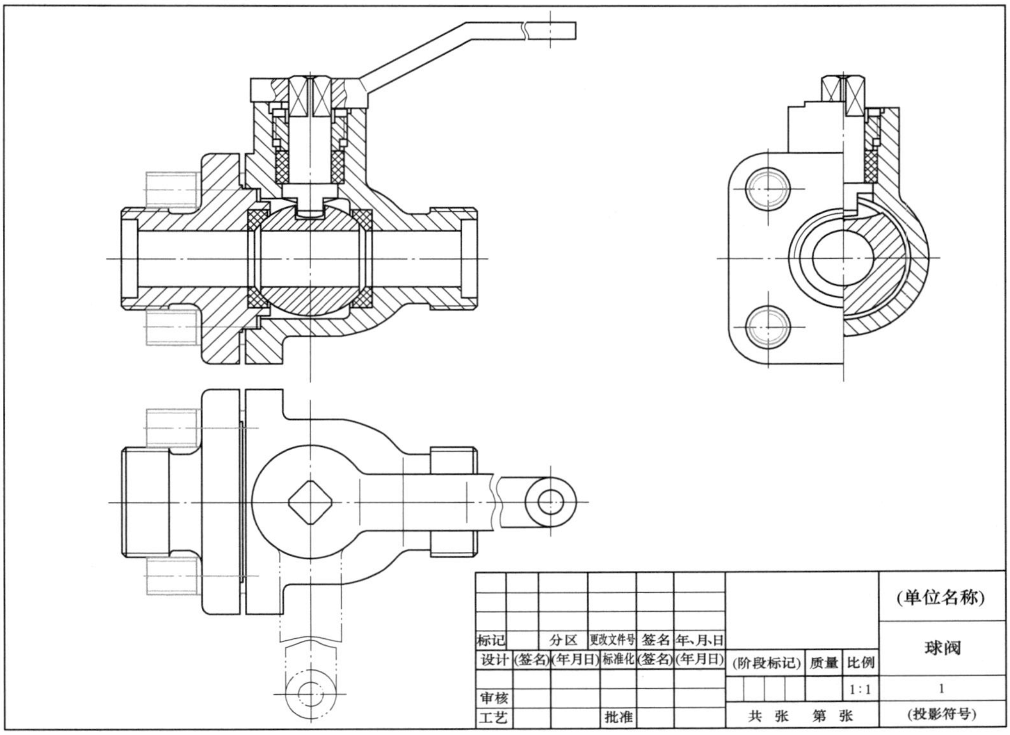

图 7-26　绘制双头螺柱

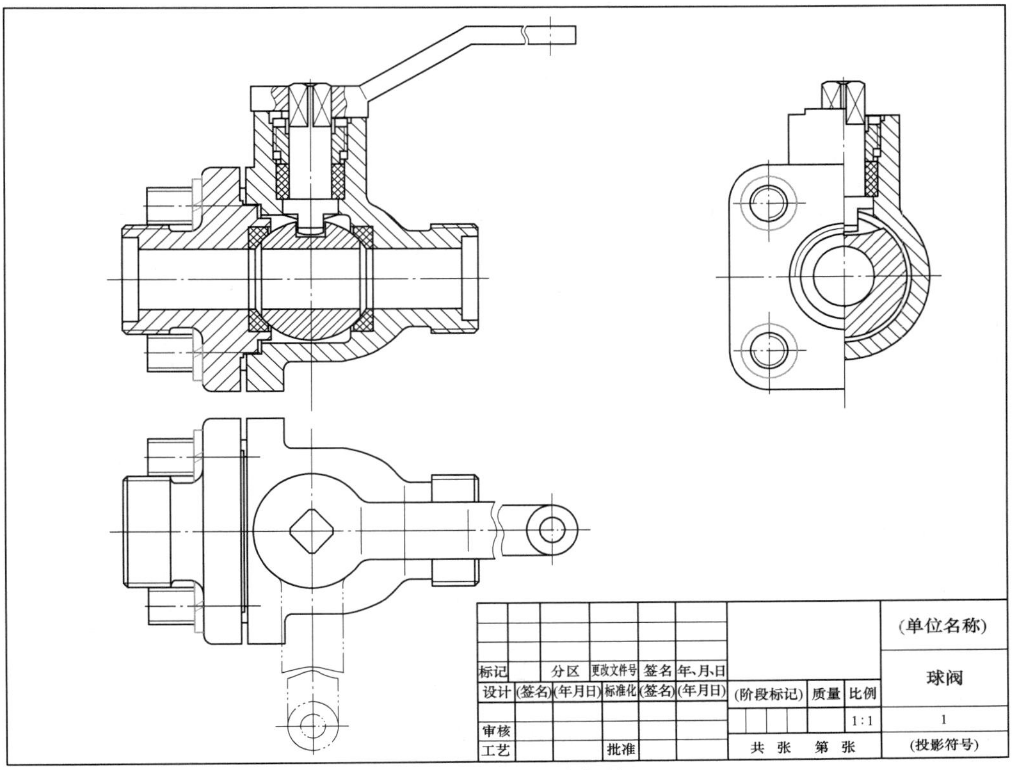

图 7-27　绘制双头螺柱

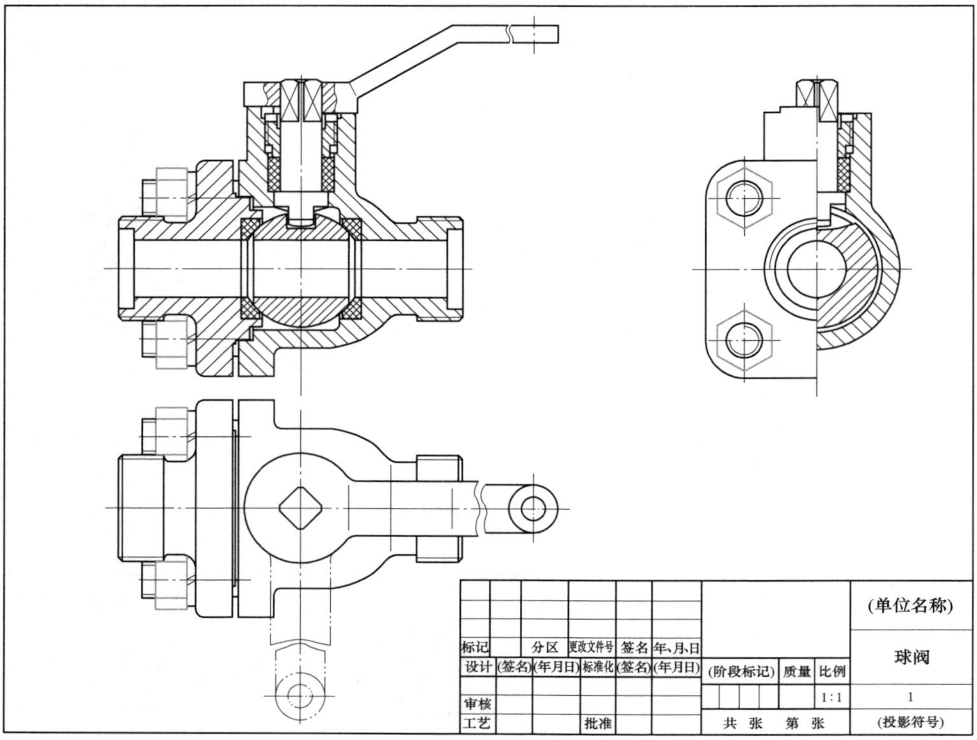

图 7-28　绘制螺母

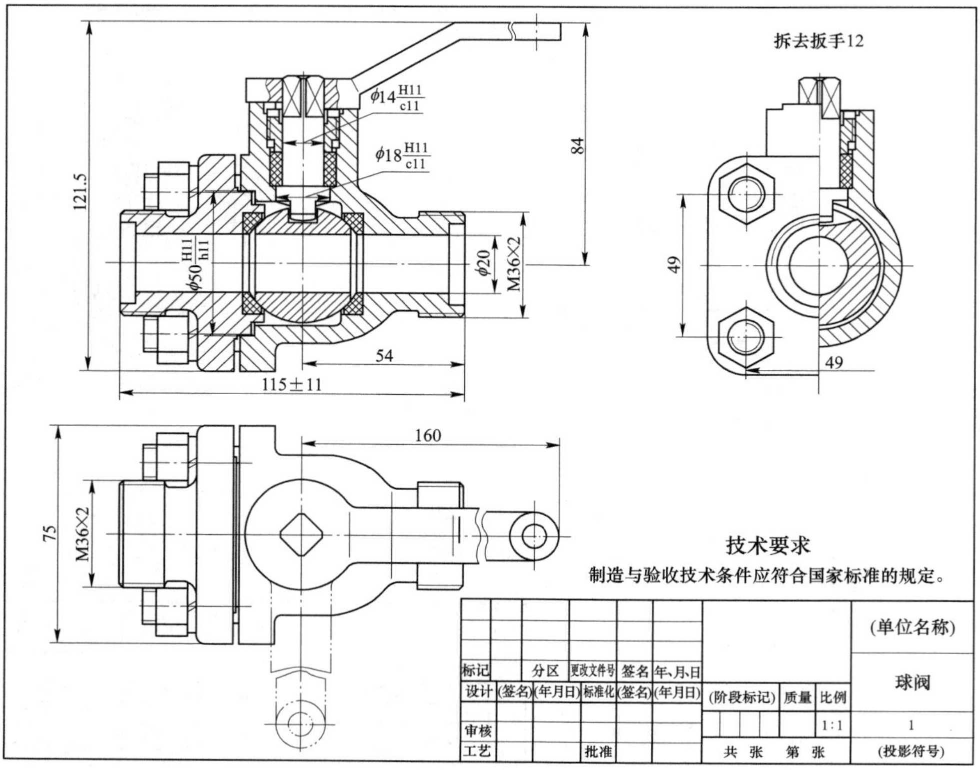

图 7-29　标注必要尺寸和书写技术要求

17. 标注序号，绘制并填写明细栏。应用“直线”“单行文字”“多行文字”等命令，标注序号，绘制并填写明细栏，如图 7-30 所示。

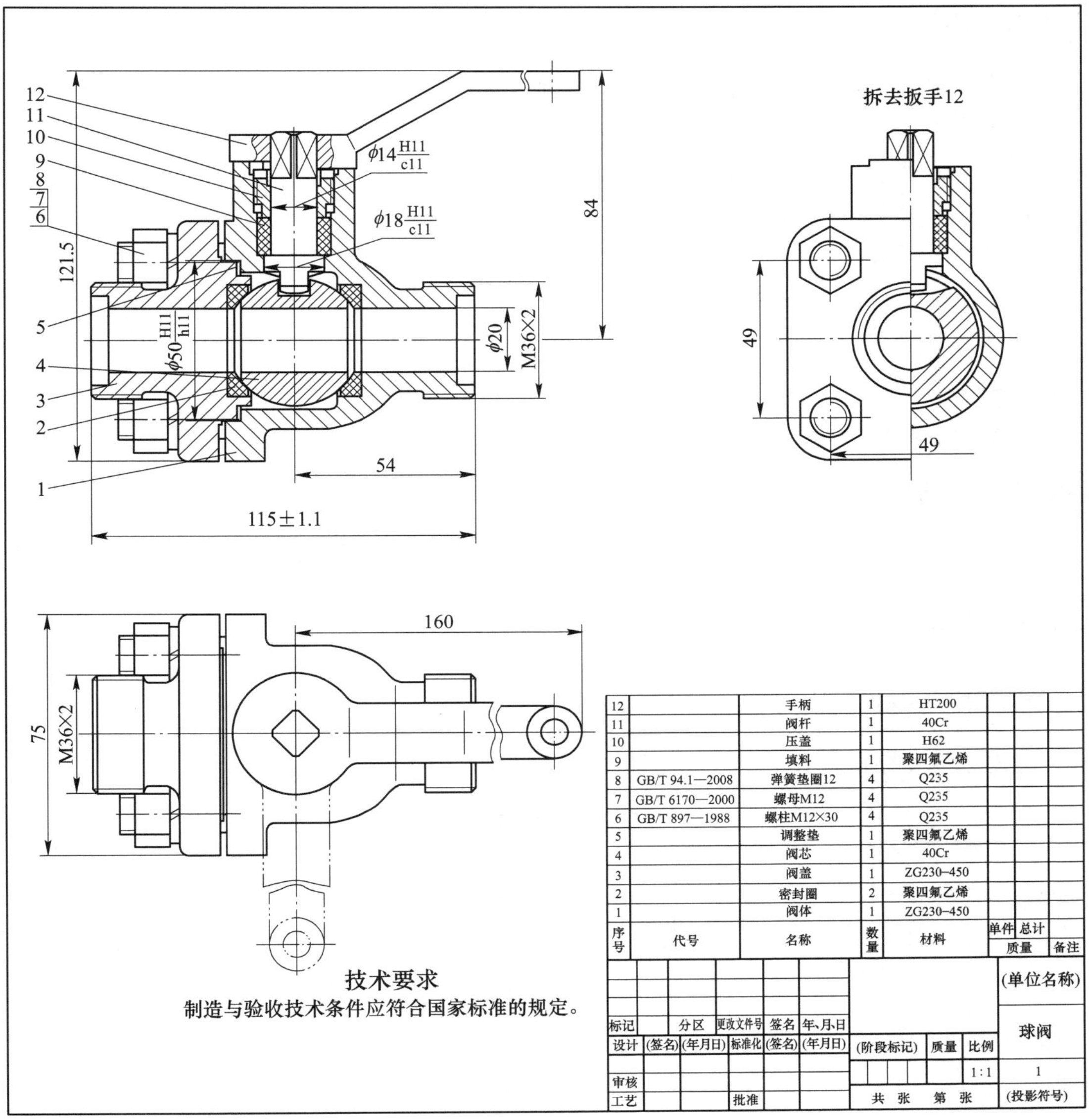

序号	代号	名称	数量	材料	单件质量	总计质量	备注
12		手柄	1	HT200			
11		阀杆	1	40Cr			
10		压盖	1	H62			
9		填料	1	聚四氟乙烯			
8	GB/T 94.1—2008	弹簧垫圈12	4	Q235			
7	GB/T 6170—2000	螺母M12	4	Q235			
6	GB/T 897—1988	螺柱M12×30	4	Q235			
5		调整垫	1	聚四氟乙烯			
4		阀芯	1	40Cr			
3		阀盖	1	ZG230-450			
2		密封圈	2	聚四氟乙烯			
1		阀体	1	ZG230-450			

图 7-30　标注序号，绘制并填写明细栏

18. 保存文件。将绘制的球阀装配图保存到指定位置。

三、打印图形

设置 AutoCAD 软件的打印参数，完成球阀装配图的打印，以便后续质量检测和问题分析使用。

学习活动四 图纸质量检测与问题分析

学习目标

1. 判断图幅大小是否合适，标题栏填写是否规范。
2. 判断图层设置及图形线型使用是否正确。
3. 判断球阀装配图布图是否合理。
4. 判断球阀装配图图形是否正确、完整。
5. 判断尺寸标注是否清晰、合理及完整。
6. 判断序号标注是否正确。
7. 判断技术要求标注是否正确。
8. 判断标题栏和明细栏绘制及内容填写是否正确。
9. 根据发现的问题，分析原因并修改。

建议学时

2 学时

学习过程

一、图纸质量检测

组内成员互相检查并记录检测结果，记录在表 7-3 中。

表 7-3 图纸质量检测项目及检测结果

序号	绘图要求	检测结果
1	图幅、标题栏及图层合理、正确	
2	文字样式、标注样式设置正确	
3	平面图形布局合理	
4	平面图形正确、完整	
5	尺寸标注完整、正确	
6	序号标注正确	
7	剖面线填充正确	
8	技术要求书写规范	
9	标题栏和明细栏绘制正确	
10	线型和标注与图形的比例合理	

二、问题分析

根据表 7-3 检测出的问题进行分析，记录在表 7-4 中。

表 7-4　问题类型、产生原因及改进措施

问题类型	产生原因	改进措施

三、修改图纸

按照图纸检测结果修改图纸并保存。

四、打印图形

打印一张球阀装配图图纸，上交技术主管进行审核。审核合格后，打印所需数量的图纸，上交技术主管，并认真填写任务记录单。

学习活动五　成果展示与评价考核

学习目标

1. 展示工作成果，并介绍自己的绘图方法。
2. 分析本次任务中出现的问题并分享改进措施。
3. 解答其他组同学的提问。
4. 公平、公正、合理地自我评价及对他人评价。
5. 自律、自省、交流、合作，有良好的职业素养。

建议学时

2 学时

学习过程

一、个人评价

按表 7-5 中的评分标准进行自我评价。

表 7-5 自我评价表

学习任务名称： 姓名： 学号：

项目	序号	评价内容	评分标准			得分
			很好	一般	较差	
图形绘制（50%）	1	装配零件分析及绘制正确	5~4	3~2	1~0	
	2	装配关系分析正确	5~4	3~2	1~0	
	3	标准件规格尺寸查阅正确	5~4	3~2	1~0	
	4	图幅、标题栏及图层合理、正确	5~4	3~2	1~0	
	5	文字样式、标注样式设置正确	5~4	3~2	1~0	
	6	图形布局合理和绘制正确、完整	5~4	3~2	1~0	
	7	尺寸标注和序号标注完整、正确	5~4	3~2	1~0	
	8	技术要求书写规范	5~4	3~2	1~0	
	9	标题栏和明细栏绘制、填写正确	5~4	3~2	1~0	
	10	装配图绘制步骤合理	5~4	3~2	1~0	
软件操作（25%）	11	AutoCAD 软件绘图环境设置	5~4	3~2	1~0	
	12	AutoCAD 软件操作正确	5~4	3~2	1~0	
	13	AutoCAD 绘图命令执行方法正确	5~4	3~2	1~0	
	14	AutoCAD 快捷键的掌握	5~4	3~2	1~0	
	15	图形绘制方法正确	5~4	3~2	1~0	
职业素养（25%）	16	操作规范，遵守纪律	5~4	3~2	1~0	
	17	认真细致，精益求精	5~4	3~2	1~0	
	18	自主学习，解决问题	5~4	3~2	1~0	
	19	合作创新，团队精神	5~4	3~2	1~0	
	20	遵守 7S 管理制度	5~4	3~2	1~0	
总得分						

二、小组评价

将小组评价得分填入表 7-6。

表 7-6　小组评价表

学习任务名称：　　　　　　　　组名：　　　　　　　　汇报人：

序号	评价内容	评分标准			得分
		很好	一般	稍差	
1	汇报的图形是否符合机械制图标准	10～9	8～6	5～1	
2	介绍成果是否表达清晰	10～9	8～6	5～1	
3	介绍的绘图方法是否正确	10～9	8～6	5～1	
4	汇报成果专业术语是否表达正确	10～9	8～6	5～1	
5	汇报成果说话是否逻辑正确	10～9	8～6	5～1	
6	汇报人解答他组提问是否正确	10～9	8～6	5～1	
7	团队合作创新精神	10～9	8～6	5～1	
8	7S 工作要求	10～9	8～6	5～1	
9	计算机、打印机保养	10～9	8～6	5～1	
10	汇报展示的方式是否新颖（利用多媒体等手段）	10～9	8～6	5～1	
总评分					

三、教师评价

将教师评价得分填入表 7-7。

表 7-7　教师评价表

学习任务名称：　　　　　　　　学生姓名：　　　　　　　　学号：

序号	评价内容	评分标准			得分
		很好	一般	稍差	
1	成果质量	10～9	8～6	5～1	
2	服从管理	10～9	8～6	5～1	
3	协作精神	10～9	8～6	5～1	
4	规范意识	10～9	8～6	5～1	
5	纪律观念	10～9	8～6	5～1	
6	勇于表达	10～9	8～6	5～1	

续表 7-7

序号	评价内容	评分标准			得分
		很好	一般	稍差	
7	质量意识	10~9	8~6	5~1	
8	工作态度	10~9	8~6	5~1	
9	反思总结	10~9	8~6	5~1	
10	自律自控	10~9	8~6	5~1	
总评分					

四、工作总结

1. 在完成任务七的工作过程中，你学到了哪些知识和技能？
2. 写一下任务七的工作总结（心得体会）。

五、学习任务七过程性考核

将本次任务的考核得分填入表 7-8。

表 7-8　学习任务七 过程性考核得分表

班级		组名		姓名		学号	
项目		自我评价		小组评价		教师评价	
单项得分							
占比		占总评 20%		占总评 30%		占总评 50%	
占比得分							
总得分							

任课教师：　　　　　　　　　　　　年　月　日

拓展任务

齿轮油泵的绘制

一、工作情境描述

企业设计部接到一项任务：根据提供的齿轮油泵各组成零件图（见图 7-31），用 AutoCAD 软件绘制齿轮油泵装配图。技术主管将绘图任务分配给绘图员，让他根据机械制图标准，应用 AutoCAD 软件绘制齿轮油泵装配图，保存电子图形并打印出来。

模数m	3
齿数z	14
啮合角α	20°

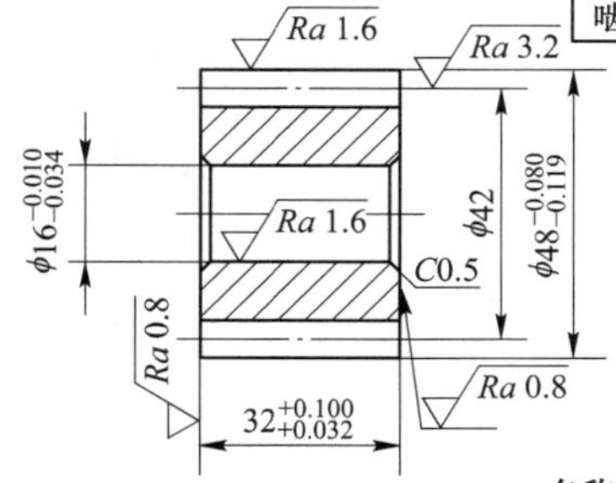

名称：从动齿轮
材料：45
比例：1∶2

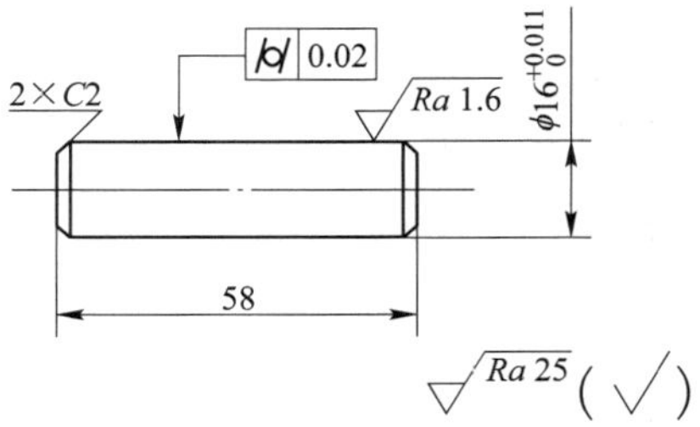

技术要求

1.去尖角锐边；
2.淬火硬度为HRC40～50。

名称：小轴
材料：45
比例：1∶2

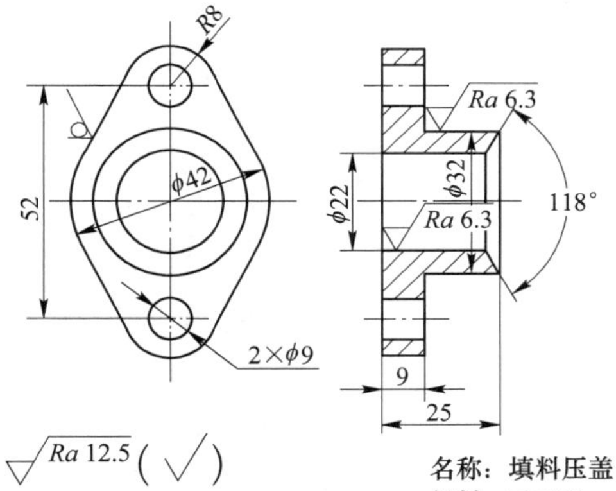

名称：填料压盖
材料：HT150
比例：1∶2

(仅为本例而绘制)

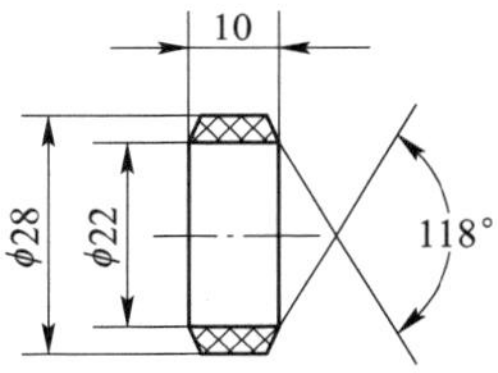

名称：填料
材料：石棉
比例：1∶2

模数m	3
齿数z	14
啮合角α	20°

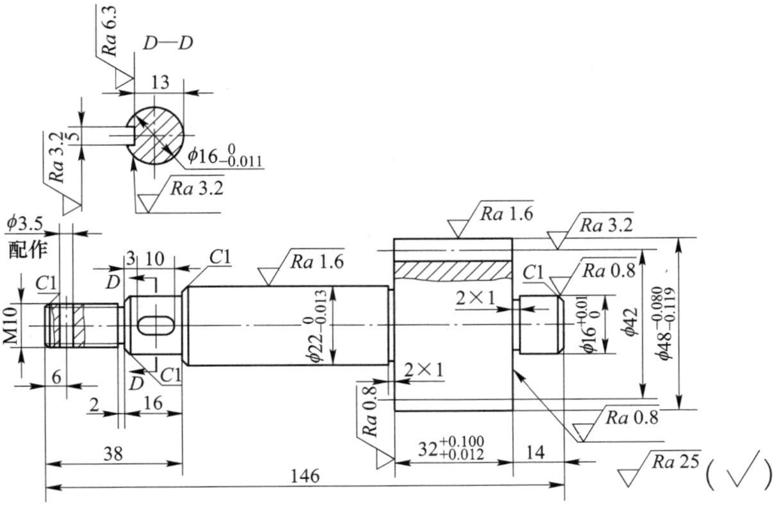

名称：主动轴齿轮
材料：45
比例：1∶2

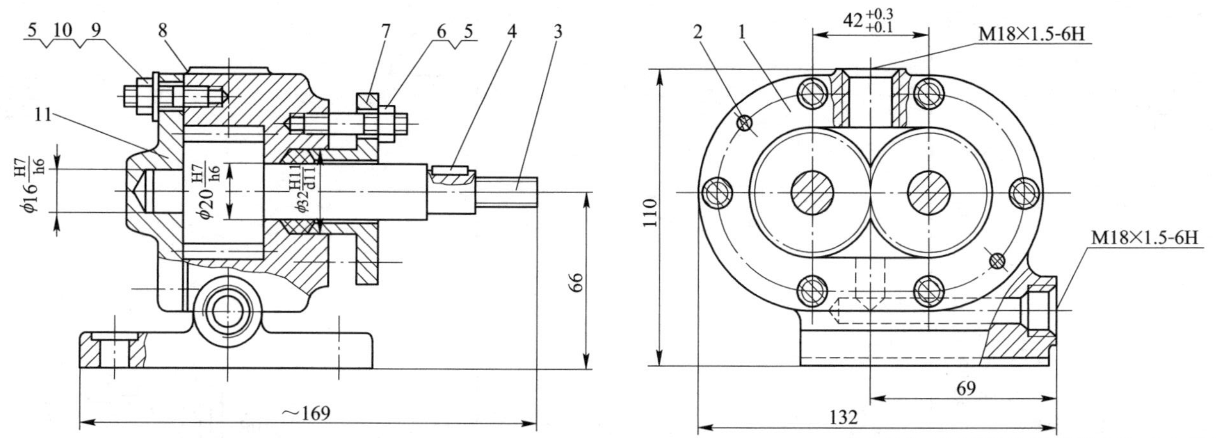

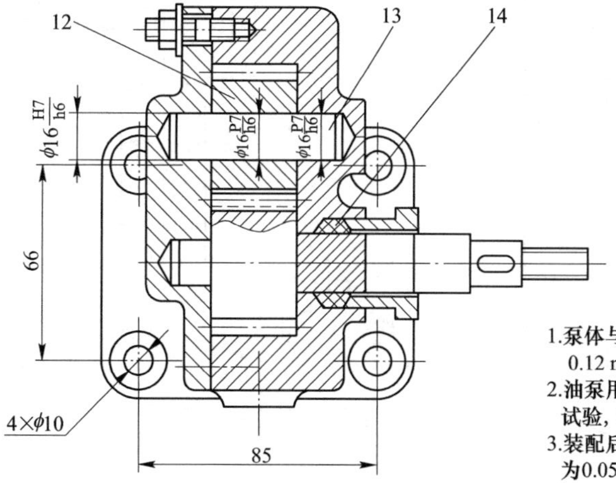

技术要求

1.泵体与齿轮间的端面间隙为0.05～0.12 mm，间隙用垫片调节；

2.油泵用17.6×10^5 Pa的柴油进行压力试验, 不能有渗漏；

3.装配后齿顶圆与泵体内圆表面间隙为0.05～0.06 mm；

4.装配后用(60±2) ℃和17.6×10^5 Pa的柴油进行试验。当转速为950 r/min时，输油量不得小于10 L/min。

序号	代号	名称	数量	材料	备注
14		填料		浸油石棉	
13		小轴	1	45	
12		从动齿轮	1	45	m=3 z=14
11		泵盖	1	HT200	
10		垫圈8	6		
9		螺柱M8×32	6		
8		垫片	1	软钢纸板	
7		填料压盖	1	HT150	
6		螺柱M8×40	2		
5		螺母M8	8		
4		键5×10	1		
3		主动轴齿轮	1	45	m=3 z=14
2		销6×20	2		
1		泵体	1	HT200	

	齿轮油泵	比例	材料
		1:1	
制图		质量	
设计			
描图			
审核		共 张 第 张	

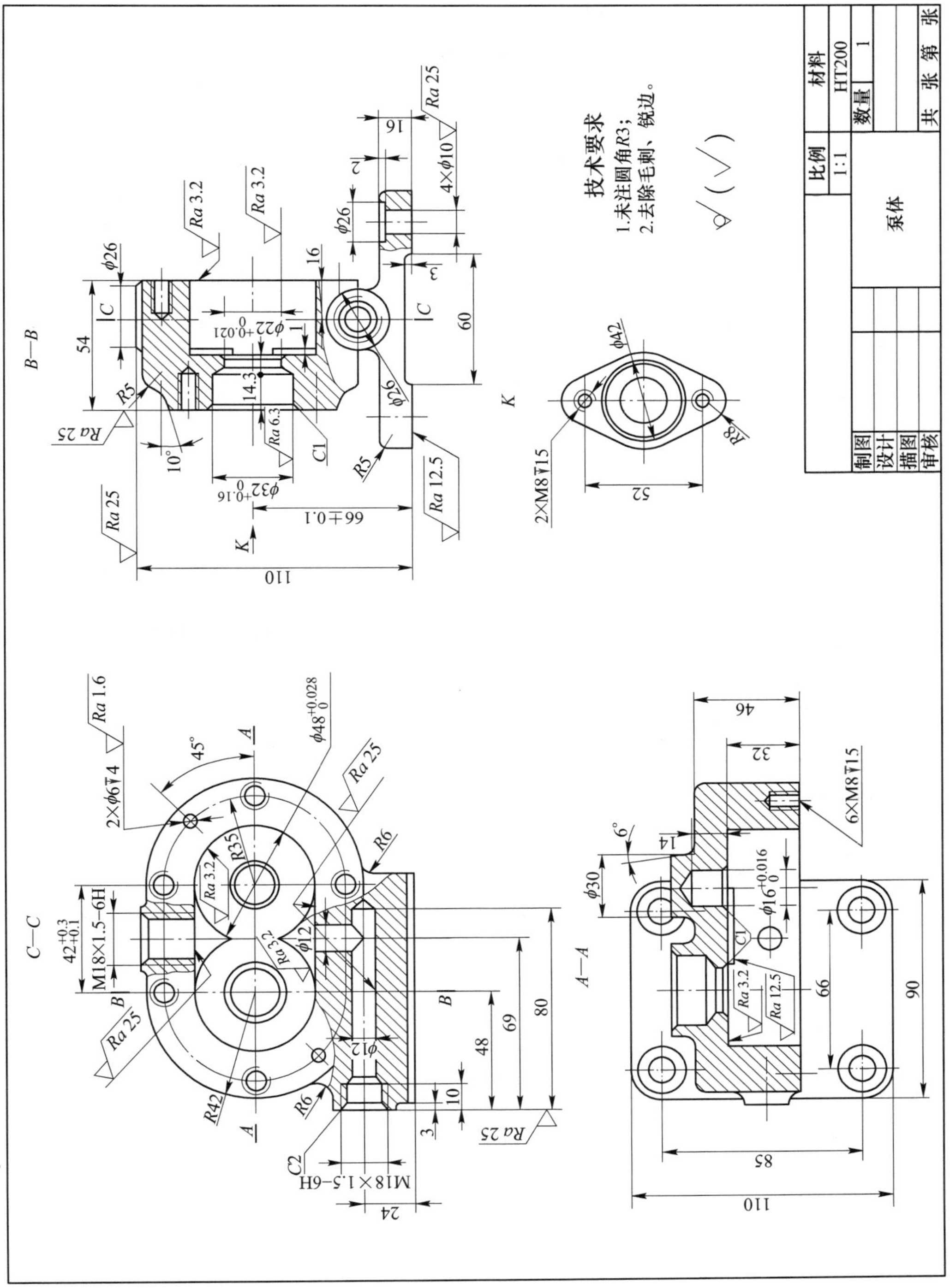

图 7-31 齿轮油泵各零件图形及装配图形

二、评分标准

按表 7-9 中的评分标准进行自我评价。

表 7-9　齿轮油泵装配图纸绘制评分表

项目	序号	评价内容	评分标准			得分
			很好	一般	较差	
图形绘制（50%）	1	装配零件分析及绘制正确	5~4	3~2	1~0	
	2	装配关系分析正确	5~4	3~2	1~0	
	3	标准件规格尺寸查阅正确	5~4	3~2	1~0	
	4	图幅、标题栏及图层合理、正确	5~4	3~2	1~0	
	5	文字样式、标注样式设置正确	5~4	3~2	1~0	
	6	图形布局合理和绘制正确、完整	5~4	3~2	1~0	
	7	尺寸标注和序号标注完整、正确	5~4	3~2	1~0	
	8	技术要求书写规范	5~4	3~2	1~0	
	9	标题栏和明细栏绘制、填写正确	5~4	3~2	1~0	
	10	装配图绘制步骤合理	5~4	3~2	1~0	
软件操作（25%）	11	AutoCAD 软件绘图环境设置	5~4	3~2	1~0	
	12	AutoCAD 软件操作正确	5~4	3~2	1~0	
	13	AutoCAD 绘图命令执行方法正确	5~4	3~2	1~0	
	14	AutoCAD 快捷键的掌握	5~4	3~2	1~0	
	15	图形绘制方法正确	5~4	3~2	1~0	
职业素养（25%）	16	操作规范，遵守纪律	5~4	3~2	1~0	
	17	认真细致，精益求精	5~4	3~2	1~0	
	18	自主学习，解决问题	5~4	3~2	1~0	
	19	合作创新，团队精神	5~4	3~2	1~0	
总得分						

参 考 文 献

［1］崔兆华．计算机机械图形绘制［M］．北京：中国劳动社会保障出版社．2020.
［2］果连成．机械制图［M］．8 版．北京：中国劳动社会保障出版社．2023.
［3］王纯民．AutoCAD 上机实训图集［M］．2 版．北京：中国劳动社会保障出版社．2019.
［4］薛焱，王新平．中文版 AutoCAD 2007 基础教程［M］．北京：清华大学出版社．2006.